Theodor Wotschke

Fichte und Erigena

Darstellung und Kritik zweier verwandter Typen eines idealischen

Pantheismus

Theodor Wotschke

Fichte und Erigena
Darstellung und Kritik zweier verwandter Typen eines idealischen Pantheismus
ISBN/EAN: 9783743657304

Hergestellt in Europa, USA, Kanada, Australien, Japan

Cover: Foto ©berggeist007 / pixelio.de

Weitere Bücher finden Sie auf **www.hansebooks.com**

Fichte und Erigena.

Darstellung und Kritik zweier verwandter Typen eines idealistischen Pantheismus.

Von

Dr. Theodor Wotschke,
cand. min.

Halle a. S.
Verlag von J. Krause.
1896.

Inhaltsangabe.

pag.

- A. Einleitung: Das metaphysische Problem und seine gleiche Lösung durch Fichte und Erigena . . . 1— 3
- B. Hauptteil: Darstellung und Kritik der Lehren Fichtes und Erigenas . . . . 3—71
  - I. Fichtes System . . . . 3—24
    - a) seine erste Gestalt . . . . 3— 6
    - b) seine spätere Gestalt . . . . 6—24
      1. die Entwicklung dieser späteren Gestalt aus der ersten . . . . 6—7
      2. ihre Darstellung . . . . 7—24
         - α) der theoretische Teil . . . . 7—20
         - β) der praktische Teil . . . . 20—24
  - II. Erigenas System . . . . 24—47
    - a) einleitende Vorbemerkungen . . . . 24—27
    - b) Darstellung des Systems . . . . 27—47
      1. Natur, welche schafft und nicht geschaffen wird 27—34
      2. Natur, welche geschaffen wird und schafft . 34—36
      3. Natur, welche geschaffen wird und nicht schafft 36—46
      4. Natur, welche weder schafft noch geschaffen wird 46—47
  - III. Kritische Beurteilung beider verwandter Systeme 47 - 71
    - a) ihre nahe Verwandtschaft und Zusammengehörigkeit auch Hegel gegenüber . . . . 47—51
    - b) Kritik des Begriffs des absoluten Seins . . . 52—61
      1. als der schlechthinnigen Identität . . . 52—55
      2. als des Unpersönlichen . . . . 55—61
    - c) Kritik des Fortschritts vom Sein zum Denken 61—70
      1. der Verbindung des Denkens als des Attributes mit dem Sein . . . . 61—64
      2. des durch diese Verbindung entstandenen idealistischen Pantheismus . . . . 64—70
    - d) Kritik des Ausgangspunktes der Spekulation und ihrer Gedankenfolge . . . . 70—71
- C. Schluss: Hinblick auf das Bleibende und Wertvolle in beiden Systemen . . . . 71—72

Verzeichnis der benutzten Schriften.

Überwegs Grundriss der Geschichte der Philosophie, herausgegeben von Heinze.

Kuno Fischer, Geschichte der neueren Philosophie.

Löwe, Die Philosophie Fichtes nach dem Gesamtergebnis ihrer Entwicklung.

Ludwig Noack, Joh. Gottlieb Fichte nach seinem Leben, seiner Lehre und seinem Wirken.

Theodor Christlieb, Leben und Lehre des Johann Skotus Erigena.

Joh. Huber, Joh. Skotus Erigena, ein Beitrag zur Geschichte der Philosophie und Theologie im Mittelalter.

Fr. Staudenmaier, Philosophie des Christentums.

Ludwig Noack, Erigenas Leben und seine Schriften.

Dorner, Entwicklungsgeschichte der Lehre von der Person Christi.

Baur, Christliche Lehre von der Dreieinigkeit und Menschwerdung Gottes.

Lotze, Mikrokosmus, Ideen zur Naturgeschichte und zur Geschichte der Menschheit.

Carriere, Die sittliche Weltordnung.

Eucken, Die Einheit des Geisteslebens in Bewusstsein und That der Menschheit.

O. Pfleiderer, Religionsphilosophie auf geschichtlicher Grundlage.

An der erfahrbaren Wirklichkeit, den Gütern und Gestalten der Erde, findet der Mensch kein volles Genüge, keine Herz und Gemüt dauernd beglückende Zufriedenheit. Der ihm immanente Einheits- und Causalitätsdrang sowie sein geistiges, durch die unmittelbare Gewissheit der Freiheit gewecktes und gestärktes Selbstgefühl, das gegenüber den mächtigen feindlichen Naturgewalten von einer höheren geistigen Macht Schutz begehrt, lassen ihn seinen Blick über das Empirische erheben und jenseits des Endlichen eine Wirklichkeit höherer Ordnung suchen, die seinem geistigen Wesen genügt und einen Schlüssel zur Lösung all der Rätsel bietet, die die Welt um ihn und in ihm so zahlreich stellt. Über das Gebiet des erscheinenden Daseins hinausgehend schaut er nach einem Transscendenten aus, welches das Prinzip alles endlichen Seins und zugleich ein fester Ankergrund für das menschliche Herz wäre, auf dem es bei allen Stürmen, die es bewegen, eine sichere Zuflucht finden, auf dem es ausruhen könnte von aller Angst und Not sowie von den Enttäuschungen, welche das Leben so mannigfach bringt. Und dieses Ausschauen nach einem Metaphysischen ist allen Menschen eigen. Wenn es bei vielen auch den Anschein gewinnt, als ob jede Regung nach einem Höheren und Jenseitigen in ihrer Brust erstorben sei, ihr Dichten und Trachten ganz im Irdischen aufgehe, so kommen doch auch in ihrem Leben Stunden, in denen der Glanz dieser Welt vor ihren Augen erbleicht, und sie nach einem Unvergänglichen, Ewigen ausschauen. Dies Hinausblicken und Hinausstreben nach einem Höheren ist gleichsam die metaphysische Ader des menschlichen Organismus und die Quelle der Religion und der Spekulation, deren Charakter im Einzelnen dadurch bestimmt ist, ob der Intellekt oder das Gemüt der treibende Faktor und der überwiegende Koeffizient der Erhebung in die Ewigkeitswelt ist. Wo neben dem gleichen Faktor noch gleiche oder doch wenigstens ähnliche grundlegende Voraussetzungen für die denkende Erhebung walten, wird auch in den Resultaten der Spekulation eine gewisse Verwandtschaft sich zeigen und das mysterium magnum des Daseins in ähnlicher Weise gedeutet werden. So ist es erklärlich, dass wir zuweilen eine seltsame Übereinstimmung zwischen Philosophen finden, die durch Jahrhunderte geschieden sind und unabhängig von einander über Gott und Welt nachgedacht haben. Johann Gottlieb Fichte und Johannes Skotus Erigena zeigen in den Resultaten ihres Philosophierens solche Ähnlichkeit; ihrem Leben nach durch ein volles Jahrtausend geschieden, stehen sie ihren Systemen nach dicht nebeneinander in der Entwicklung des Geistes in der Menschheit. Vom griechischen Neuplatonismus aus ist dieser, vom deutschen Idealismus aus jener schliesslich zu der gleichen monistischen Weltanschauung gelangt, welche die Wirklichkeit aus einem Prinzip ableitet und die grosse Mannigfaltigkeit des Daseins, der intelligiblen Wesen und sinnlichen Objekte, als Äusserung und Manifestation des einen absoluten Seins betrachtet. Hierin zeigen beide Philosophen das Bestreben, welches die moderne Spekulation überhaupt beherrscht, alle Gegensätze zu überwinden und auf eine höhere Einheit zurückzuführen; und es wird deshalb nicht als ein nutzloses, die Interessen der Gegenwart verkennendes Unternehmen angesehen werden können, auf die Lösung des Welträtsels, wie sie Erigena und Fichte versucht haben, näher einzugehen. Im Folgenden wird zunächst eine gesonderte Darstellung der beiden Systeme erfolgen, dann ihre Grundidee charakterisiert und kritisiert werden. Doch ist hier noch eine Vorbemerkung nötig. Wenn wir die Philosophie Fichtes mit der des Erigena in Parallele setzen, so meinen wir da Fichtes Ansichten mehrere Stadien durchlaufen haben, diejenige Philosophie, welche Fichte in den letzten Jahren seines Lebens vertreten und besonders in seiner Anweisung zum seligen Leben ausgeführt hat, da er von dem subjektiven aller Objektivität entleerten Idealismus seiner Wissenschaftslehre sich wieder abwandte und einen idealistischen Pantheismus ausbildete. Die folgende Darstellung wird demgemäss die letzte Fassung der Fichtischen Philosophie zum Gegenstande haben, doch wird es gut sein und zu einem besseren Verständnis führen, wenn auch ihre erste Fassung kurz beleuchtet wird.

I.

Theoretische Erwägungen und ethische Neigung liessen Johann Gottlieb Fichte das System eines subjektiven Idealismus aufstellen. In den beiden Einleitungen in die Wissenschaftslehre bespricht er den Gegensatz von Dogmatismus und Idealismus und zeigt, dass nur dieser gegenüber jenen, der die Vorstellungen aus Dingen nicht zu erklären wisse und am Problem des Selbstbewusstseins scheitere, sich folgerichtig denken lasse und zwar auch nur sofern seine letzte Consequenz gezogen und das Kantische Ding an sich gestrichen würde. Sodann betont er, dass unser geistiges Wesen, unsere Freiheit, sich nur mit dem Idealismus vereinigen lasse. Wer sich seiner sittlichen Lebensaufgabe bewusst und von dem Drange, sie zu erfüllen, getrieben sei, werde die Wahrheit und alleinige Folgerichtigkeit des Idealismus erkennen.*) Auf Grund dieser Anschauungen sah

---

*) „Was für eine Philosophie man wählt, hängt davon ab, was für ein Mensch man ist, denn ein philosophisches System ist nicht ein toter Hausrat, den man ablegen oder annehmen könnte, wie es beliebt, sondern es ist beseelt von der Seele des Menschen, der es hat. Ein von Natur schlaffer oder durch Geistesknechtschaft, gelehrten Luxus und Eitelkeit erschlaffter und gekrümmter

sich Fichte veranlasst, über Kant hinauszugehen und auch den Empfindungsstoff aus dem Bewusstsein zu erklären; er musste schärfer als seine Vorgänger das menschliche Gemüt analysieren und die gemeinsame Wurzel der Sinnlichkeit und des Verstandes suchen, von welcher der Königsberger Meister (Kritik der reinen Vernunft Ros. I, 28) andeutungsweise gesprochen hatte. Auf dem Wege intellektualer Anschauung fand er sie in dem reinen Ich, in dem Wesen des ursprünglichen identischen Bewusstseins oder nach Kantischer Terminologie in dem Wesen der transscendentalen Apperzeption. Allen erfahrungsmässigen Bestimmungen des Bewusstseins liegt das reine Ich zu Grunde, d. h. eine auf sich selbst zurückgehende Thätigkeit, „denn woher weiss ich in jedem Momente meines Bewusstseins, dass ich etwas thue, wodurch unterscheide ich mein Handeln und in demselben mich von den vorgefundenen Objekten des Handelns, als dadurch, dass meine Thätigkeit als Intelligenz in sich selbst zurückgeht?" Dies reine Ich ist der letzte und höchste Punkt für die Reflexion über uns, die Identität des Bewusstseienden und Bewussten und hat den Charakter reiner Thätigkeit (I, 256). Es ist kein Sein, keine fertige Grösse, sondern Leben, produzierende Kraft, absolute Spontaneität (I, 440). Es ist unendliche Thätigkeit, diese aber als Trieb, nicht als fertige Thatsache betrachtet, und um dieses Triebes willen muss es sich, da ein Wirken ohne Widerstand nicht möglich ist, und es solchen nirgends findet, sich selbst ein Nichtich d. h. eine Schranke setzen, eine Aussenwelt aus sich herausschauen. An dieser sich selbst gezogenen Schranke bricht sich seine ins Unendliche hinausstrebende Thätigkeit, wird nach innen getrieben, und es entsteht durch diese Brechung und Konzentration des reinen Ich das empirische Ich oder das Individuum, das nun eine endliche Darstellung

---

Charakter wird sich nie zum Idealismus erheben" (I pag. 434).

der an sich unendlichen Thätigkeit ist. Alles Sein ist hier Selbstnegation der absoluten Thätigkeit; durch einen und denselben Selbstbegrenzungsakt lässt das reine Ich die Sinnenwelt und die einzelnen Individuen entstehen; an jener als dem Arbeitsmaterial und durch diese als seine Organe realisiert es seinen Thätigkeitstrieb. Das unabhängige, von aussen gegebenen Kantische Ding an sich ist so im Fichtischen System ein produziertes innerliches Nichtich geworden, die Kantische transscendentale Apperzeption ein absolut strebendes Ich, das dem empirischen Ich als Urprinzip immanent ist. Die ganze Sinnenwelt ist ein formiertes Schauen, eine im Akt des Schauens festgehaltene Thätigkeit der Ichheit und das menschliche Denken und Wollen, überhaupt der Mensch, deren Äusserungsform. Darum hat er auch in sich den Drang zur absoluten Selbstständigkeit und Freiheit, den Trieb, die Schranke des Nichtich zu überwinden und im reinen Ich aufzugehen (I, 249). Allein dies ist unmöglich; denn wäre die absolute Freiheit des Ich verwirklicht und seine Herrschaft über das Nichtich vollendet, so würde alles Thun des Ich aufhören, und damit das Ich selbst vergehen, da es eben weiter nichts als dieses Thun ist. Deshalb ist der Drang des beschränkten Ich zum reinen Ich nur ein unendliches Streben nach einem Ideal, dem es sich stets nähert, das es aber doch nie erreicht. So betrachtet Fichte den ganzen Weltverlauf als den sich vollziehenden Prozess der Realisierung des Thätigkeitstriebes des Ich, das durch nimmer rastendes Wirken, durch Setzung der äusseren Welt, der Individuen und durch deren sittliches Streben sich selbst verwirklicht.

Mit diesen Grundgedanken seines Systemes, in denen sich der strengste Idealismus mit einer Evolutionslehre verbindet, konnte Fichte den theistischen Gottesbegriff, den Kant behufs eines über Sinnlichkeit und Verstand übergreifenden Grundes oder einer Vermittlung zwischen

Glückseligkeit und Tugend als Postulat der praktischen Vernunft festgehalten hatte, nicht mehr in Einklang bringen. Denn das absolute Ich, das alles Sein produziert, in einer unendlichen Reihe von Individuen sich darstellt, um durch deren Thätigkeit sich selbst zu verwirklichen, duldet keinen Weltschöpfer und Weltregenten neben sich; es tritt selbst an seine Stelle und nach anfänglichem Schwanken hat Fichte ihm in der That als seinen höchsten metaphysischen Begriff den Namen Gott beigelegt. Gott ist ihm kein persönliches, substanzielles Wesen, sondern absolutes Handeln und absolutes Werden zugleich, die ihr Dasein sich selbst schaffende und darin sich verwirklichende Thätigkeit, der ordo ordinans oder die beständig sich entwickelnde, alles in sittlicher Thätigkeit zusammenhaltende Weltkraft (V, 186, 381. f.)

Diese Philosophie hat Fichte nicht festgehalten; die Auflösung alles Seins in ein Produkt des ursprünglichen Thuns widersprach zu sehr dem allgemeinen Bewusstsein, und die Schwierigkeit, ein Thun ohne ein thätiges Sein, eine Funktion ohne ein Substrat, das da funktioniert, klar und bestimmt zu denken, hatte auch der Wissenschaftslehrer nicht heben können. Sodann hatte er den Ausgangspunkt seines Philosophierens im Bewusstsein genommen, da er es für ein Phänomen hielt, das auf sich selbst beruhe, nur aus sich selber erklärt werden könnte, und aus den Entwicklungen dieses Bewusstseins hatte er die sinnliche und sittliche Welt abgeleitet. Aber das Bewusstsein selber kann in seinen Evolutionen doch nicht begriffen werden ohne ein absolutes Sein, weil alles Wissen nur ein Bild ist und in ihm immer etwas gefordert wird, das dem Bilde entspreche. Ein Bild ist ein Bild nur, wenn es ein Original giebt, welches kein Bild, sondern ein Sein ist. So führt die Consequenz des Idealismus zur Annahme eines absoluten Seins. Fichte selbst zog diese Consequenz; in seinen späteren Schriften schiebt er das absolute objektive Sein dem reinen Ich als Substrat unter und findet demgemäss nicht mehr in dem unendlichen Streben des reinen Ich das metaphysische Prinzip seiner Philosophie, sondern in dem absoluten Sein oder der Gottheit. „Das prometheische Ich unvermögend in seiner Unendlichkeit sich zu halten, stürzt sich in den tiefen Quell des reinen Seins, aus der Ichheitslehre wird eine spekulative Gotteslehre." Der jüngere Fichte, Fortlage, Harms und in gewissem Sinne auch Kuno Fischer bestreiten, dass der Übergang Fichtes von dem reinen Ich zum reinen Sein ein Verlassen seines früheren Standpunktes sei, sie wollen in ihm nur eine Weiterbildung seiner früheren Spekulation erblicken. Aber dieser Fortschritt, den Fichte auch nach ihrer Ansicht gemacht hat, ist doch mehr als ein blosser Fortschritt, er bezeichnet einen thatsächlichen Wechsel in den Grundanschauungen Fichtes. Hatte er früher gesagt, alles Sein sei bloss ein abgeleiteter Begriff, entstanden erst durch die objektivierende Thätigkeit des Denkens, so spricht er dagegen jetzt von einem absoluten Sein jenseits des absoluten Wissens und setzt dieses zur Erscheinung des absoluten Seins herab. Er lässt also im Gegensatze zu seinen früheren Ausführungen das Sein das Prius des Wissens und dessen Realgrund sein; verband er anfänglich den Idealismus mit einer atheistischen Evolutionslehre, so verbindet er ihn jetzt mit dem Pantheismus zu einer einheitlichen Weltanschauung, „so dass sein späteres Lehrgebäude von dem früheren nicht unbeträchtlich verschieden ist" (Heinze). In der Trilogie der Grundzüge des gegenwärtigen Zeitalters, der Vorlesungen über das Wesen des Gelehrten und der Religionslehre oder der Anweisung zum seligen Leben sowie in der Wissenschaftslehre vom Jahre 1810 und in den nachgelassenen Werken finden wir diese spätere Lehre Fichtes. Die folgende Darstellung wird diese Schriften als Quellen benützen, vorzüglich aber auf die Religionslehre zurückzugreifen sich genötigt sehen.

Der höchste Begriff, zu dem Fichte sich hier aufschwingt und zu dem er seine Leser erheben will, ist der Begriff der Gottheit oder des absoluten Seins. Dieses Sein ist, es wird nicht, es entsteht nicht, geht nicht hervor aus dem Nichtsein, sondern es ist ewig von sich selbst, aus sich selbst und durch sich selbst. Von ihm kann allein in Wahrheit die Existenz ausgesagt werden und nichts ist, das kein Sein wäre und über das Sein hinausläge. Dieses Sein ist einfach und sich selbst gleich, eine in sich selbst geschlossene und vollendete, eine absolut unwandelbare und unveränderliche Einerleiheit; in ihm kann nichts Neues werden, in ihm giebt es kein Entstehen noch Untergehen, keinen Wandel und Spiel der Gestaltungen (V, 405), sondern wie es ist, ist es von Ewigkeit her und bleibt unveränderlich in alle Ewigkeit. Es ist nicht selbstbewusst und nicht Person, weil Selbstbewusstsein und Persönlichkeit eine Schranke statuieren und das Unendliche in die Sphäre des Endlichen herabziehen würden. Man könnte dies absolute Sein am passendsten mit der spinozistischen Substanz, dem ἕν oder πρῶτον der Neuplatoniker oder auch dem ὄν der Eleaten vergleichen, das auch unendlich und der Inbegriff aller Realität ist, ausser dem nichts existiert, und das seinem inneren Wesen nach ewig sich selbst gleich bleibt. Denn wo immer die Ansicht herrscht, dass im Einzelnen und Individuellen eine Unvollkommenheit vorliege und nur im Allgemeinen und Abstrakten Wahrheit sei, dass man auf die Erfahrung nicht Rücksicht zu nehmen brauche, vielmehr aus reinen und blossen Begriffen die Wirklichkeit konstruieren könne, wird die Negation der vielgestalteten Welt und die totale Abstraktion von aller Bestimmtheit, das reine Sein, als das einzig wahrhaft Reale und als die Wurzel aller Dinge angesehen. In der Verbindung des abstrakten Seins aber mit der konkreten Erscheinungswelt und in der Bestimmung des Verhältnisses zwischen beiden gehen die einzelnen Denker verschiedene Wege. Während die Neuplatoniker die Welt als eine Emanation des Ur-Einen betrachten und Spinoza zwischen seiner Substanz und der Welt ein Causalitätsverhältnis annimmt, jene für die Ursache, diese für die Wirkung erklärt und deshalb die natura naturata für ebenso real hält als die natura naturans, finden die Eleaten von ihrem ὄν keinen Übergang zur Erscheinungswelt und erklären völligem Akosmismus anheimfallend daher die vielgestaltete Mannigfaltigkeit, welche die tägliche Erfahrung uns bezeugt, für wesenlosen, nichtigen Schein. Fichte hinwieder, der als Idealist dieser eleatischen Ansicht beipflichtet und sich bewusst ist, dass die Welt nur in den Gedanken des Verstandes und der Einbildungskraft besteht, sucht durch das Bewusstsein den Übergang vom absoluten Sein zum Endlichen zu vermitteln und so den Dualismus zwischen Sein und Dasein zu heben, der bei den Eleaten schroff und unvermittelt uns entgegentritt. Aber trotz der versuchten Vermittlung kommt bei Fichte die Erscheinungswelt gegenüber dem reinen Sein, wie wir sehen werden, nicht zu ihrem Rechte, sie erhält nur ein Scheinsein, und der Schatten des Akosmismus lagert sich von hier aus über das System. Das reine Sein ist bei Fichte nicht ein stehendes, starres, totes — „nicht im Sein an und für sich liegt der Tod," (V, 404) sondern im ertötenden Blicke des toten Beschauers — es ist Leben und Thätigkeit (II, 696. N. W. I., 74),*) es manifestiert und äussert sich von Ewigkeit; es tritt ins Dasein. Notwendig ist mit dem Sein seine Offenbarung, sein Dasein oder seine Erscheinung verbunden, und diese Erscheinung ist so

---

*) Doch darf man das absolute Sein, weil es Leben und Thätigkeit ist, nicht nur, wie Falckenberg (Geschichte der neueren Philosophie (360)) thut, die absolute Urthätigkeit der ersten Periode sein lassen; denn nicht ohne Grund hat Fichte seine Terminologie geändert und Gott den früher von ihm perhorreszierten Begriff des Seins beigelegt.

wahr wie das, dessen Bild sie ist, wie das nicht nichtsein Könnende. Keine Zeit darf angenommen werden, in der Gott oder das Sein nicht erschienen, kein Zeitpunkt, in dem er erst sich zu offenbaren begonnen hätte. Die Ewigkeit der göttlichen Offenbarung leugnen heisst die Ewigkeit Gottes selbst verneinen. Mit Nachdruck wird (V, 479) der Gedanke einer zeitlichen Schöpfung zurückgewiesen und als der Grundirrtum aller falschen Metaphysik, als das Urprinzip des Juden- und Heidentums bezeichnet. Gott kann keine schöpferische Wirkung in oder mit der Zeit von sich ausgehen lassen, da diese den Charakter der Veränderung in sich schliesst und mit dem einfachen, wandellosen, unveränderlichen Sein Gottes nicht in Einklang zu bringen ist. Gottes Offenbarung kann demnach nur in einer Äusserung bestehen, die seine Wandellosigkeit nicht beeinträchtigt, die eine unmittelbare Folge seines Wesens und mit diesem ewig verknüpft ist (II, 696), wie etwa ein Gegenstand mit seinem Bilde oder dem Reflexe, den er von sich wirft. Worin — fragen wir nun — haben wir die ewige Äusserung Gottes zu suchen? In seiner Erscheinung, seinem Dasein oder, da das Dasein notwendig ein Selbstbewusstsein seiner selbst als blossen Bildes von dem absolut in sich selber seienden Sein ist, im Wissen oder Denken (V, 442). Die Art, wie dieses Wissen oder Dasein aus dem absoluten Sein hervorgeht, wie aus letzterem überhaupt eine Äusserung folgen müsse, ist nicht zu ergründen (V, 442), aber unbestreitbar ist das Wissen die einzig mögliche Form, in der das Sein dazusein vermag,*) und da ferner das Sein nur durch sich selber da ist, so ist es im Wissen oder Dasein schlechthin (II, 696). Das Wissen ist daher in seiner Wurzel das innere Sein

---

*) Mit dieser Behauptung, dass Gott nur ein Attribut d. h. eine Form des Daseins habe, richtet sich Fichte gegen Spinoza, der Gott unendlich viele Attribute zuschreibt, von denen wir aber nur zwei wahrnehmen.

und Wesen des Absoluten selber und nichts anderes, und es ist zwischen dem Absoluten oder Gott und dem Wissen in seiner tiefsten Lebenswurzel gar keine Trennung, sondern beide gehen völlig in einander auf. Um hier einem Missverständnis vorzubeugen, das leicht durch den Gebrauch des Wortes „Wissen" entstehen könnte, bemerke ich, dass man diesem Wissen nicht etwa ein Substrat unterschieben oder ein Subjekt leihen darf, das da weiss, etwa das empirische Ich. Vielmehr ist das Wissen selbst ein selbstthätiges, freies Vermögen, es entwickelt sich selbst, und in dieser Selbstentwickelung ist die Spaltung des Seins in eine unendliche Mannigfaltigkeit zu suchen, durch sie entsteht die Vielheit der Individuen und der sinnlichen Welt, wie wir sie oben durch den Thätigkeitstrieb des reinen Ich produziert sahen; so dass das Wissen, wie es auf der einen Seite die absolute Äusserung des Seins ist, auf der anderen Seite das Prinzip der Mannigfaltigkeit des endlichen Daseins in sich trägt. Denn das Wissen erfasst sich, wie wir sahen, als Bild des Seins, es muss deshalb auch Kunde von sich selbst haben, muss sich von etwas unterscheiden, was es nicht als Bild, sondern als unmittelbare Wirklichkeit erfasst, es muss sich selbst anschauen und auf sich selbst reflektieren. Bei dieser Reflexion muss es sich spalten und zwar, um als Unendliches sich anschaulich zu werden, unendlich sich spalten und eintreten in eine Vielheit einzelner Iche, weil nur innerhalb der individuellen Form Selbstbewusstsein möglich ist. Da nun diese Selbstanschauung des Wissens, sein Sichselbsterscheinen und Sichselbstverstehen so notwendig ist, wie das Wissen selbst, so ergiebt sich, dass das individuelle Bewusstsein die einzig mögliche Form des Daseins ist. So haben wir denn folgendes Verhältnis zwischen dem absoluten Sein und dem subjektiven Geiste: das Sein geht im Wissen auf, das Wissen hinwieder individuiert sich im subjektiven Geiste; dieser ist das göttliche Dasein selber, er ist aus Gott und seiner Natur.

In jedem Menschen ist Gott, und Gott ist die einzige Realität in ihm; dasjenige aber, was ausser dem Göttlichen in und an dem Menschen ist, ist bloss Accidenz. Alle Individuen sind in Beziehung auf das, was ihre eigentliche Realität ausmacht, nicht unterschieden, es ist nur eine Realität d. h. Gott in allen. Das, was ihre Unterschiede ausmacht, die Individualität, fällt dem Nichtsein zu. Der überindividuelle Menschengeist ist das göttliche Wissen, und darum ruht auch auf seiner subjektiven Form der Adel des Göttlichen. Wie Schelling in seinen Vorlesungen über die Methode des akademischen Studiums die ganze Menschheit als eine Incarnation der Gottheit ansieht, so betrachtet Fichte das menschliche Bewusstsein als Dasein des Daseins des göttlichen Seins. Letzteres an sich unendlich und nicht selbstbewusst, wird seiner Erscheinung nach im Individuum konkret und erlangt Selbstbewusstsein; der menschliche Geist ist mithin identisch mit dem seiner selbst bewussten göttlichen Geist und die Geschichte seiner Entwicklung, seines Fortschritts ist die Offenbarungsgeschichte des Absoluten. Überall wo der menschliche Geist seinem hohen Werte gemäss wirkt und schafft, offenbart sich Gott unmittelbar selber. „Gottes inneres und absolutes Wesen tritt heraus als Wissenschaft, vor allem aber in dem, was der heilige Mensch lebt und liebet, und die aus dem leeren Schattenbegriffe von Gott unbeantwortete Frage: Was ist Gott? wird beantwortet, er ist dasjenige, was der ihm Ergebene und von ihm Begeisterte thut." Aber wie kann Fichte von einem leeren Schattenbegriffe von Gott sprechen? Wenn der menschliche Geist aus Gott und seiner Natur ist, wenn er das Dasein des Bildes Gottes ist, sollte ihm da Gott verborgen und unerkennbar sein? So fragen wir uns mit Recht und können diese Frage nur verneinen. Denn ist unser eigenes Sein in der Wurzel immer identisch mit dem Sein des Absoluten, so müssten wir dieses adäquat erkennen können; die Consequenz dieses Fichtischen Gedankens führt zur Annahme einer absoluten Gotteserkenntnis. Aber Fichte hatte zugleich auch das Wissen für das Prinzip des Endlichen erklärt, es zerspringt notwendig im Reflektionsakt und die hierbei entstehenden einzelnen Iche können nach dem Gesetze der Reflexion (V, 454) immer nur einen Reflex vom Absoluten erfassen, nie es adäquat erkennen. „Das Auge des Menschen verdeckt ihm Gott und spaltet das reine Licht in farbige Strahlen" (V, 543). In dieser Gedankenreihe kann Fichte von Gott als einem leeren Schattenbegriff sprechen, und so liegen denn die Begreiflichkeit und Unbegreiflichkeit Gottes bei ihm im Streite mit einander.

Ausser dem in den Individuen sich entfaltenden Wissen giebt es kein Dasein; alles Nichtwissende, was sonst noch als solches erscheint, die Gesamtheit der Dinge und Körper, die Natur, wir selber, sofern wir uns ein selbständiges und unabhängiges Sein zuschreiben, haben nur Phänomenalexistenz. Es ist dies alles nur ein Gewusstes und Gedachtes und gleicht vorübergehenden, flüchtigen Schemen. Fichte zeigt sich hier noch als derselbe Idealist wie in der Wissenschaftslehre, nur hat er jetzt durch den Uebergang vom reinen, alle reale Objektivität in sich negierenden Ich zum objektiven All-Einen das früher selbständige Ich zum Bilde des einen Unendlichen herabgedrückt und so den ursprünglichen subjektiven Idealismus zum objektiven umgeprägt.

Da wir das Wissen oder das Dasein des reinen unveränderlichen, ewig sich selbstgleichen Seins sind, so kann auch in uns keine Veränderung und kein Wechsel, keine Verschiedenheit und Mannigfaltigkeit sich zeigen. Nun aber findet sich dennoch diese Mannigfaltigkeit und Trennung des Seins in der Wirklichkeit, und es gilt deshalb diesen Widerspruch zwischen der Wahrnehmung und dem reinen Denken zu vereinigen, zu zeigen, wie die widerstreitenden Aussprüche beider dennoch neben einander bestehen und so beide wahr sein können. Diese

Aufgabe sucht Fichte durch einen Hinweis auf die Natur des Bewusstseins zu lösen, in dessen Wesen ihm das Prinzip der Spaltung begründet ist (V, 454). Nicht wie es an sich ist, kann das Sein durch das Bewusstsein erfasst werden, sondern nur im Begriffe oder Bilde. Durch den Begriff aber wird das, was an sich Leben ist, zu einem stehenden starren Sein und so erfährt das lebendige thätige Sein im Bewusstsein durch das Denken die Umwandlung in ein ruhendes Sein, in die Welt. Das Denken ist also der eigentliche Weltschöpfer. Durch das Begreifen und Ergründen des Begriffes wird sodann diese Umwandlung noch erweitert. Denn in der Reflexion auf sich selber spaltet sich das Wissen durch sich selber und seine eigene Natur, indem es nicht nur überhaupt sich erfasst, sondern zugleich auch sich erfasst als das und das, als dies oder jenes Merkmal tragend, welches zum ersten das zweite giebt, ein aus dem ersten gleichsam herausspringendes, so dass die eigentliche Grundlage der Reflexion gleichsam in zwei Stücke zerfällt. Auf diese Weise verliert die Welt in der Reflexion notwendig ihre Einheit, tritt mit einem bestimmten Charakter und in einer bestimmten Gestalt heraus. Wie das Glas- oder Krystallprisma das einfallende Licht in die verschiedenen Farben bricht, so die Reflexion den einen Begriff in mannigfache Gestalten und erzeugt so die Vielheit und Verschiedenheit der Erfahrungsobjekte.

Diese Philosophie von der Identität des Seins und des Daseins mit dem, was die eigentliche Realität am Menschen ausmacht, und von der Idealität der sinnlichen Welt hält Fichte für die Idee des Christentums, wie sie im Prolog des Johannisevangeliums am reinsten und klarsten dargestellt sei. In den Worten: „Im Anfang war das Wort, und das Wort war bei Gott, und Gott war das Wort; dasselbige war im Anfang bei Gott. Alle Dinge sind durch dasselbe gemacht, und ohne dasselbe ist nichts gemacht, was gemacht ist. In ihm war das

Leben, und das Leben war das Licht der Menschen" sah er eine Bestätigung seiner Lehre: ewig wie Gott ist sein Dasein, seine Offenbarung, die im Wissen besteht, das in eine Vielheit geistiger Wesen sich expliziert. Hören wir ihn selbst, wie er obige Worte der Schrift auslegt und sie im Gewande seiner philosophischen Begriffe wiedergiebt. „Ebenso ursprünglich als Gottes inneres Sein ist sein Dasein, und das letztere ist vom ersten unzertrennlich und ist selber ganz gleich dem ersten, und dieses göttliche Dasein ist in seiner eigenen Materie notwendig Wissen, und in diesem Wissen allein ist eine Welt und alle Dinge, welche in der Welt sich vorfinden, wirklich geworden. In dem unmittelbaren göttlichen Dasein war das Leben der tiefste Grund alles lebendigen substanziellen, ewig aber dem Blicke verborgen bleibenden Daseins; und dieses Leben ward im wirklichen Menschen Licht, bewusste Reflexion; und dieses eine ewige Urlicht schien ewig fort in den Finsternissen der niederen und unklaren Grade des geistigen Lebens, trug dieselbe unerblickt und erhielt sie im Dasein, ohne dass die Finsternisse es begriffen." Weiter in den Worten: „Niemand hat Gott je gesehen, der eingeborene Sohn, der in des Vaters Schoss ist, der hat es verkündigt" findet er seinen Gottesbegriff ausgedrückt. „In sich ist das göttliche Wesen verborgen, nur in der Form des Wissens tritt es heraus und zwar ganz, wie es an sich ist." Den Logos der christlichen Dogmatik identifiziert Fichte mit dem Wissen seines Systems; wie dieses die ewige Offenbarung des absoluten Seins, so ist auch der Logos die ewige Erscheinung Gottes, wie das Wissen in eine unendliche Vielheit geistiger Wesen sich expliziert und ihnen sich individualisiert, so zerlegt sich auch der Logos in eine unendliche Reihe von Ichen und nimmt in ihnen konkrete Gestalt an. Aber nie kann der Logos oder das Wissen in einem Individuum vollkommen und ungeteilt, rein und lauter Gestalt und Wesen gewinnen,*) sondern in seiner Selbstanschauung zerfällt es wegen seiner Unendlichkeit mit metaphysischer Notwendigkeit in eine Vielheit endlicher Iche. Entschieden spricht sich Fichte gegen die Annahme aus, dass der Gottmensch als einzelnes geschichtliches Individuum existiert habe, und dass die Gottmenschheit ein Prädikat sei, welches nur Einem im Unterschiede zu allen anderen zukomme. Vielmehr ist die ganze Menschheit der Mensch gewordene Gott, der allgemeine menschliche Geist der Logos. Die christliche Dogmatik behauptet freilich, dass in Jesus von Nazareth das Wort rein und lauter, wie es an sich selbst ist, ohne alle Beimischung von Finsternis und Unklarheit sowie individueller Beschränkung in einem persönlichen menschlichen Dasein sich dargestellt habe, aber diese Behauptung ist kein metaphysischer Satz, keine ewige Wahrheit (V, 482, 567). Denn da, wie wir bei der Ableitung des subjektiven Geistes aus dem unendlichen Wissen sahen, das individuelle Ich durch die Zerspaltung des Wissens entsteht, kann es dieses nicht adäquat in sich enthalten, vielmehr vermag nur die Totalität endlicher Geister dasselbe ohne Abzug und ohne Verkürzung in sich zu fassen. Dass die Kirchenlehre aber Jesus von Nazareth mit dem Logos identifiziert und ihm damit eine so einzigartige Dignität zuspricht, liegt daran, dass er zuerst die Erkenntnis von der absoluten Identität des menschlichen Geistes mit der Gottheit erfasst und besessen, dass in ihm wie in keinem anderen Menschen das göttliche Dasein sich ausgeprägt habe. Hierdurch ist er auch von allen Menschen vor ihm und nach ihm geschieden

---

*) Denselben Gedanken hat D. Fr. Strauss später gegen das christliche Dogma ausgespielt und in die klassische Form gefasst: „es ist nicht die Art der Idee, in ein Exemplar ihre ganze Fülle auszuschütten und gegen alle anderen zu geizen, sondern in einer Mannigfaltigkeit von Exemplaren liebt sie ihren Reichtum auszubreiten".

und nimmt unter ihnen eine Sonderstellung ein. Doch immer gilt es festzuhalten, dass der Unterschied zwischen ihm und den anderen nur ein gradueller, ein Stufen-, kein Wesens-Unterschied ist, dass Jesus von Nazareth nur um einige Sprossen höher steht als die anderen und nur der Erstgeborene unter vielen Brüdern ist. Den unendlichen Spaltungen im realen Prozess der Reflexion des absoluten Wissens auf sich selbst entspricht eine Spaltung im idealen Prozess, in dem das absolute Wissen aus seiner Individualisation aufsteigend sich selbst anschaut und sich selbt zu erfassen bestrebt ist. Näher unterscheidet Fichte in diesem Prozesse fünf Reflexionsstufen, die ebensoviele Weltansichten ergeben (V, 460), die des Materialismus, die der niederen und höheren Sittlichkeit, die der Religion und der philosophischen Erkenntnis.

Im Einzelnen auf Fichtes Äusserungen über diese verschiedenen Weltanschauungen einzugehen, fällt aus dem Rahmen unserer Betrachtung, nur die vierte und fünfte Weltansicht berücksichtigen wir näher, weil sie der Wirklichkeit entsprechen. Auf dem Standpunkte der Religion erkennt der Mensch Gott als das allein wahre Sein und sich d. h. seinen Geist als das Dasein dieses Seins; er wird sich bewusst, eine Manifestation Gottes zu sein und das göttliche Leben zu leben. Wir wissen auf der Stufe des Materialismus, der niederen und höheren Sittlichkeit nichts von diesem unmittelbaren göttlichen Leben, denn mit dem ersten Schlage des Bewusstseins schon verwandelt es sich in eine tote Welt. „Mag es immer Gott selber sein, der hinter allen Gestalten lebt, wir sehen ihn nicht, sondern immer nur seine Hülle, wir sehen ihn als Stein, Kraut, Tier; sehen ihn, wenn wir uns höher schwingen, als Naturgesetz, als Sittengesetz. Immer verhüllt uns die Form das Wesen, immer verdeckt unser Sehen selbst uns den Gegenstand, und unser Auge steht unserem Auge im Wege. Ich sage dir, erhebe dich auf den Standpunkt der Religion, und alle Hüllen schwinden, die Welt vergeht dir mit ihrem toten Prinzip, und die Gottheit tritt wieder in dich ein in ihrer ersten ursprünglichen Form als Leben, als dein eigenes Leben, das du leben sollst und leben wirst. In dem, was der heilige Mensch thut, lebet und liebet, erscheint Gott nicht mehr im Schatten oder bedeckt von einer Hülle, sondern in seinem eigenen unmittelbaren kräftigen Leben, und die Frage, was ist Gott, wird hier so beantwortet, er ist dasjenige, was der von ihm Begeisterte thut. Willst du Gott schauen von Angesicht zu Angesicht? Suche ihn nicht jenseits der Wolken, du kannst ihn allenthalben finden, wo du bist. Schaue an das Leben seiner Ergebenen, und du schaust ihn an, ergieb dich selber ihm, und du findest ihn in deiner Brust" (V, 471).

Mit dieser religiösen Weltanschauung stimmt die wissenschaftliche inhaltlich überein, der Unterschied beider besteht nur in der verschiedenen Erfassung der einen Erkenntnis. Die in der Religion als blosses Faktum im unmittelbaren Bewusstsein gegebene Empfindung, dass der individuelle Geist in sich unselbständig und nur ein transitorisches Accidenz des göttlichen Wissens sei, ergänzt die Wissenschaft, indem sie den Zusammenhang zwischen dem Einen und dem Vielen begreift, die Individuen und die Welt aus Gott genetisch deduziert und so den religiösen Glauben zum Schauen erhebt. Sie bringt Licht und Klarheit in die religiöse Gefühlsempfindung und erhebt sie zu einer sicheren, gewissen, wohlbegründeten Erkenntnis (V, 401).

Fichtes Äusserungen über die religiöse und wissenschaftliche Weltansicht geben uns Gelegenheit, den Charakter seiner späteren theoretischen Philosophie kurz zu bestimmen. Wir können sie als einen von einem warmen religiösen Hauche durchwehten idealistischen Pantheismus bezeichnen, als eine idealistische Übersetzung der spinozistischen Alleinheitslehre, die gleichsam eine

Ellipse bildet, in der das ἓν καὶ πᾶν und die Ergebnisse des weiter entwickelten Kantischen Idealismus als gleichberechtigte Brennpunkte anerkannt sind. Der Urgrund alles Existierenden ist Gott als das reine, mit sich identische Sein, und das Dasein des Seins ist das Wissen. Die Vielheit der individuellen Geister und die Welt der Erscheinungen, die dem naiven Bewusstsein für Realitäten gelten, sind nur Reflexe, die Iche sind die Erscheinungsform des Wissens, und die Sinnenwelt ist die im Schauen festgewordene Thätigkeit des Sehens. Gott allein ist und ausser ihm nichts — ἓν καὶ πᾶν, alle Objekte unserer Wahrnehmung sind erst durch die Reflexion entstanden — idealistische Verflüchtigung der Sinnenwelt. In der Fassung des Begriffs des Seins als der absoluten Negation des Werdens und der schlechthinigen Identität stimmt Fichte ganz mit Spinoza überein, dann aber bei der Betrachtung des Übergangspunktes vom reinen Sein zur Sinnenwelt, von der Substanz zum Accidenz, scheiden sich die Wege des Idealisten und Dogmatisten. Letzterer lässt das Sein unmittelbar auch da sein, in unendliche Modifikationen sich spalten und betrachtet demgemäss das unendliche Ganze der sinnlichen Dinge als faktisch gegeben, als eine aus der absoluten Natur Gottes hervorgehende Wirkung, beantwortet aber nicht die infolge dessen notwendig sich aufdrängende Frage: wie aus der Gleichförmigkeit der absoluten Natur Gottes eine Welt endlicher Dinge, wie insbesondere aus der unendlichen Ausdehnung die Gliederung derselben in endliche Körper folgen könne, woher das Prinzip des Wechsels in der Welt stamme, die in ihrer ganzen Bestimmtheit aus der ewig sich selbst gleichen Natur Gottes folgt. Daher trifft ihn mit Recht der Vorwurf, dass er von der absoluten Einheit des Seins keine Brücke zum Mannigfaltigen zu schlagen wisse und das Verhältnis zwischen Substanz und Accidenz im Dunkeln lasse. Diese Lücke in der Alleinheitslehre Spinozas ergänzt Fichte durch die Betrachtung, dass das Sein nicht unmittelbar gegeben ist und in seiner Modifikation die Welt bildet, dass es nur als Begriff da ist, und dass dieser in den verschiedenen Reflektionsakten zerspringt und die Mannigfaltigkeit der Welt erzeugt. So verknüpfen sich hier Pantheismus und Idealismus auf das Engste, die Gedankenwelt Spinozas mit der Fichtischen Wissenschaftslehre zu einer einheitlichen Weltanschauung.

Aus der Darlegung der theoretischen Philosophie Fichtes erhellt schon, was für eine praktische Lebenslehre er aufstellen musste. Ist nur Gott wahrhaftig und ausser ihm nichts denn das Wissen, das in intelligible Wesen sich explizirt, und besteht deren innerer Charakter gerade darin, dass sie Ausgestaltungen des göttlichen Wissens sind, während sie an sich abgesehen von diesem nichts sind, so ergiebt sich für alle Individuen nur die eine Aufgabe, sich gegenüber dem bunten Wechsel der Erscheinungswelt frei zu halten, sich selbst zu vergessen d. h. die Eigenheit aufzugeben und alle Sehnsucht auf das Eine zu richten, das der Grund ihres Wesens und ihres Daseins ist. Sie müssen die sie beengenden individuellen Schranken abstreifen, alle Selbstigkeit und Eigenheit von sich abthun und in dem einen göttlichen Leben aufgehen. Das wahre Leben besteht in der Einkehr in sich selbst, der inneren Sammlung, in dem Sichversenken in das Eine, in dem Hinabtauchen in den Seelengrund, wobei man das eigene Selbst verliert und das göttliche Leben lebt. Aber nicht alle Menschen erkennen dies und bestimmen danach ihr Leben. Im Gegenteil, wie vielen die Identität des Göttlichen und des Menschlichen weder gefühls- noch erkenntnismässig einleuchtet, so haben auch viele keine Sehnsucht nach dem Ewigen, noch bestreben sie sich, das eigene Sein aufzugeben und im Göttlichen zu ruhen. So verschieden die theoretische Weltansicht ist, so verschieden ist auch das praktische Verhalten der Einzelnen. Der Materialist jagt sinnlichen Genüssen nach, der Moralist sucht im sittlichen Handeln Leben und Seligkeit; aber indem er allein dem kategorischen Imperativ, dem unbedingten „Du sollst" in seiner Brust folgt, erstrebt er eine möglichst grosse individuelle Selbständigkeit und vereitelt dadurch die Hingabe an Gott und erreicht das wahre Leben nicht, das gerade in dieser Hingabe an Gott und in der Einigung mit ihm besteht. Erst der religiös gerichtete Mensch erhebt sich zur rechten Lebensbethätigung, für ihn ist die Vereinigung mit Gott das A und das O all seines Strebens, er vernichtet sein Selbst, versinkt in Gott und lebt in aller Seligkeit das göttliche Leben. Das Mittel aber, durch welches die Verbindung mit Gott sich vollzieht, ist die Liebe. In ihr weiss das gespaltene Wissen sich mit seinem Urquell eins, ist der Mensch mit Gott völlig verschmolzen und verflossen. Durch das Christentum wird diese Liebe in des Menschen Brust angefacht, daher denn diejenigen, welche seit Jesu von Nazareth zur Vereinigung mit Gott gekommen sind, durch ihn dies erreicht haben (V, 484 f.) Deshalb vermag auch Fichte die Erscheinung Christi in ihrer geschichtlichen Bedeutung zu würdigen; „bis an das Ende der Tage werden vor Jesus alle Verständigen sich tief beugen und alle, je mehr sie nur selbst sind, desto demütiger die überschwengliche Herrlichkeit dieser grossen Erscheinung anerkennen." Aber die Möglichkeit steht offen, dass auch ohne Christus jemand zur rechten Erkenntnis, zur rechten Liebe und Seligkeit kommen kann (V, 483 ff.) und deshalb verliert der Mittler in der metaphysischen Betrachtung notgedrungen die hohe Bedeutung, die ihm die historische Betrachtung zuspricht; entscheidend für einen jeden ist nur die Stellung, die er zur Idee, die der Heiland in sich verkörpert hat, einnimmt, aber nicht sein Verhältnis zur Person des Heilands selbst. „Ist nur jemand wirklich mit Gott vereinigt und in ihn eingekehrt, so ist es ganz gleichgültig, auf welchem Wege er dazu gekommen; und es wäre eine sehr unnütze und verkehrte Beschäftigung, anstatt in der Sache zu leben, nur immer das Andenken des Weges sich zu wiederholen." Die Liebe, welche den Grundton der religiösen Stimmung bildet, ist endlich auch die Quelle der vollendeten Wahrheit und der Wissenschaft und hebt damit den Menschen auf die höchste und letzte Stufe des Lebens. Sie lässt die Reflexion ihre Schranken sowie ihr Unvermögen, das absolute Sein zu erfassen, erkennen, sie vernichtet die Reflexion und hebt damit die Spaltung der Geisterwelt auf (V, 542).

Fichte verwahrt sich dagegen, dass seine Lehre Mystizismus sei (V, 427) und seine Ethik einen quietistischen Charakter trage, und gewiss muss anerkannt werden, dass die Energie seines Charakters, sein persönlicher sittlicher Thätigkeitstrieb, seine thatenfrohe Natur praktische Lebensbethätigung, freudiges Arbeiten für den Fortschritt und die Vermehrung menschlichen Wohles verlangt. Aber seine theoretische Weltansicht, sein abstrakter Monismus fordert ein negatives Verhalten zur Welt, die ja nichts als Illusion, als wesenloser, nichtiger Schein ist, und die Ethik kann sich bei Fichte dieser Forderung der Metaphysik nicht entziehen, sie erhält ein weltflüchtiges Gepräge. Wie bei den meisten pantheistischen Mystikern, ich erinnere nur an Pseudo-Dionysius Areopagita, Angelus Silesius*) und an die Buddhisten, lautet auch bei Fichte das Hauptgebot der sittlichen Lebensbethätigung nicht: bilde deine dir von Gott verliehenen Anlagen und Kräfte aus und stelle sie in den Dienst deiner Nächsten, sondern vielmehr: vernichte dich selbst rein bis in die Wurzel, gieb deine

---

*) „Mensch! wo du noch was bist, was weisst, was liebst und hast,
So bist du, glaube mir, nicht ledig deiner Last."
„Ruh ist das höchste Gut; und wäre Gott nicht Ruh,
Ich schlösse vor ihm selbst mein Augen beide zu."

Individualität auf und begehre nicht irgend etwas selbst zu sein (V, 518). So zieht sich durch seine Ethik ein ungelöster Zwiespalt zwischen den Aussagen seines auf praktische Thätigkeit dringenden unmittelbaren sittlichen Bewusstseins und den aus seinen metaphysischen Anschauungen für das sittliche Handeln sich ergebenden Prinzipien. Derselbe Zwiespalt tritt auch in der Frage nach der Freiheit der Individuen zu Tage. Wer den Menschen völlig in Gott aufgehen lässt wie Fichte in seinem abstrakten Monismus, für den kann überall nur Notwendigkeit existieren, und das Problem der Freiheit darf für ihn gar nicht vorhanden sein. Denn wie sollte der Mensch eigene Freiheit haben, wenn er nur eine Daseinsform des göttlichen Seins ist, muss er als blosser Modus nicht durchaus determiniert sein? Zuweilen scheint Fichte diese Consequens ziehen zu wollen; so lesen wir in den Grundzügen des gegenwärtigen Zeitalters (VII, 129): „Was da nur wirklich da ist, ist schlechthin notwendig da und ist schlechthin notwendig also da, wie es da ist; es könnte nicht auch nicht da sein, noch könnte es auch anders da sein, als es da ist," Worte, die stark an die deterministischen Sätze Spinozas anklingen: „In rerum natura nullum datur contingens; sed omnia ex necessitate divinae naturae determinata sunt, non tantum ad existendum, sed etiam ad certo modo existendum et operandum" (Eth. I propos. XXII). Aber Fichte hätte nicht Fichte, nicht so voll hohen, edlen sittlichen Strebens sein dürfen, um nicht wie in der ersten Periode seiner Spekulation, wo er mit begeisterten Worten die menschliche Freiheit verkündigt hatte, so auch später sich gegen eine totale Bedingtheit der endlichen Subjekte durch Gott auszusprechen und dem Menschen sittliche Freiheit zuzuschreiben (V, 513). Dem Postulate seines sittlichen Bewusstseins opfert er die Harmonie seines Systems. Dasselbe begegnet uns in der Frage nach der individuellen Unsterblichkeit, welche die Fichtische Spekulation, die dem Individuellen keinen Wert beimisst und es in die Sphäre des Nichtseins fallen lässt, notwendig verneinen müsste; ihr Ich, das kein reelles Selbst für sich im Unterschiede vom Absoluten, sondern nur dessen vorübergehende Erscheinung und Daseinsform ist und die Aufgabe hat, sich selbst als die eigentliche Negation zu vernichten und in den tiefen Quell der Gottheit zu stürzen, kann nicht in Ewigkeit für sich fortleben, es muss in Gott versinken, eine Consequenz, die Schleiermacher in seinen Reden über die Religion, in denen er ungefähr die gleichen metaphysischen Ansichten wie Fichte hatte, thatsächlich zog. Dieser aber, in dessen Brust ein so lebendiger Thätigkeitstrieb, der in Ewigkeit sich realisieren will, lebte, folgte den Einflüssen seines Naturells und nahm eine individuelle Unsterblichkeit aller (V, 409, 521) oder doch wenigstens der wahrhaft Frommen an.

Um zum Schluss kurz zu rekapitulieren, führe ich folgende Verse zweier Sonetten an, in denen Fichte dem Ergebnis seiner späteren Philosophie einen prägnanten und edlen Ausdruck geliehen hat.

„Das ewig Eine
Lebt mir im Leben, sieht in meinem Sehen.
Nichts ist denn Gott und Gott ist nichts denn Leben.
Gar klar die Hülle*) sich vor dir erhebet,
Dein Ich ist sie; es sterbe, was vernichtbar,
Und fortan lebt nur Gott in deinem Streben,
Durchschaue, was dies Streben überlebet,
So wird die Hülle dir als Hülle sichtbar,
Und unverschleiert siehst du göttlich Leben."**)

II.

Richten wir nun unsere Blicke auf den grossen Schotten, der zwischen der alten griechischen und mittel-

---

*) der Reflexion.
**) VIII, 462.

alterlichen christlichen Spekulation steht und beide in seinem reichen Geiste vereinigt, dessen kühnes philosophisch-theologisches System nicht minder den antiken hellenischen Geist atmet als den scholastischen des Mittelalters, auf Johannes Skotus Erigena. Gebildet an Plato und Plotin, ferner an den mystischen Schriften des Pseudo-Dionysius Areopagita und deren Commentator Maximus Confessor, bietet er uns in seinem Hauptwerke ;τεϱὶ ϕύσεως μεϱισμοῦ id est de divisione naturae eine Naturphilosophie dar, in der die Elemente einer pantheistischen neuplatonischen Lehre mit christlich theistischen Gedanken durchwebt sind, doch so, dass die ersteren bei weitem vorherrschen und den Charakter des Systems bestimmen, während die letzteren Folgen einer Akkommodation an die Kirchenlehre sind und in die pantheistische Gedankenwelt nur Halbheit und Inkonsequenz bringen. In der folgenden Darstellung werden die Abweichungen Erigenas von seinen Prinzipien nur kurz berücksichtigt werden; unsere Aufgabe wird es sein, den Kern seiner Gedanken unverschleiert und unverhüllt hervortreten zu lassen.

Von dem Begriff der Natur, die alles umfasst, was ist und was nicht ist, die sowohl die Dinge in sich begreift, die in den Kreis unserer Wahrnehmung fallen, wie diejenigen, welche wegen ihrer Erhabenheit für uns unerkennbar, deshalb für uns nicht vorhanden sind, wohl aber objektiv existieren, also von dem Begriffe des über alle Gegensätze hinaus liegenden abstrakten, eigenschaftslosen Seins geht Erigena aus und betrachtet es nach den vier Formen, in die es sich teilt: 1) natura creans nec creata, 2) natura creans creata, 3) natura creata nec creans, 4) natura nec creata nec creans. Unter der ersten Naturform versteht er das neuplatonische ἕν, Gott als den Schöpfungsgrund oder als den potenziellen Inbegriff alles Seins, unter der zweiten die primordiales causae oder die Ideen, die Urtypen alles Geschaffenen, unter der dritten die sinnliche Verwirklichung der Ideen, unter der vierten wieder Gott, sofern er das Ziel der Rückkehr aller Dinge bildet, sofern alles in ihm ruht und er alles in allem ist. Der Zweck dieser ohne Zweifel einer Stelle bei Augustin*) nachgebildeten Einteilung ist die Absicht, den aus dem Studium des Areopagiten geschöpften neuplatonischen Satz durchzuführen, dass Gott das Wesen aller Dinge sei, alle Fülle der Dinge sich aus Gott entwickle und in Gott zurückströme, dass die Natur einen Kreislauf darstelle, der durch die Extension und Retraktion Gottes entstände. Gott ist der Ausgangspunkt und der Endpunkt der Entwicklung, und deshalb können von ihm zwei Formen ausgesagt werden. Diese sind jedoch, was wohl zu beachten ist, nicht objektiv in ihm angelegt; Erigena weist ihm zwei Formen zu, non quod ipsius natura, quae simplex et plus quam simplex est, dividua sit, sed quod duplicis naturae modum recipit (V, 39). Also nur die subjektive, menschliche Betrachtung fasst Gott einmal als das Prinzip und die Ursache von allem und dann wieder als das Endziel, dem alles zustrebt,**) erzeugt die Vorstellung einer zwiefachen Form Gottes und eines physischen Prozesses des Werdens, den Gedanken einer Weltschöpfung und Weltvollendung; objektiv hat die Natur nur e i n e Form, fällt Schöpfer und Geschöpf zusammen, ist nur das Absolute, das die im subjektiven Denken getrennten Formen um-

---

*) de civ. Dei V, 9. Causa rerum, quae facit nec fit, Deus est; aliae vero causae et faciunt et fiunt, sicut sunt omnes creati spiritus maxime rationales, corporales autem causae, quae magis fiunt quam faciunt, non sunt inter causas efficientes annumerandae. Ritter (Geschichte der Philos. VII, 215) rühmt also mit Unrecht die Originalität der Anlage des Systems.

**) Non in Deo prima forma a quarta discernitur, in ipso siquidem non duo quaedam, sed unum sunt, in nostra vero theoria duae veluti quaedam formae esse videntur ex una eademque simplicitate divinae naturae propter duplicem nostrae contemplationis intentionem formatae.

fasst.*) Giebt es aber keinen objektiven realen Unterschied in der einen Natur, so muss die Realität der Welt, die erst durch einen solchen Unterschied gesetzt ist, dahinschwinden, und sie wird ein Produkt der subjektiven Betrachtungsweise. Das Dasein verflüchtigt sich idealistisch und wird abhängig vom Bewusstsein. Wir sehen hier bereits einen idealistischen Pantheismus hervorleuchten, der uns weiter unten noch klarer erscheinen wird.

In der Beschreibung der ersten Naturform verfährt Erigena ganz nach der Weise der Neuplatoniker; jedes konkrete positive Prädikat wird verworfen und Gott zu einem abstrakten, weltfernen Wesen ohne wirklichen Inhalt gemacht, zu einer nackten, prädikatlosen Substanz, zu dem letzten beziehungslosen, transscendenten X, zu dem sich die Abstraktion aufschwingen kann. Die kataphatische oder bejahende Theologie legt ihm gemäss der empirischen Betrachtungsweise gewisse positive Prädikate bei wie essentia, bonitas, veritas, aeternitas, sapientia u. s. w. (I, 14), aber mit Unrecht. Denn solche Bestimmungen verneinen von Gott das ihm Entgegengesetzte und ziehen ihn daher in die Sphäre natürlicher Beschränkung hinab. Gott wäre nicht der Absolute, wenn er ein Wesen oder ein Was, ein Quale oder ein Quantum, kurz etwas Bestimmtes wäre, wenn er nicht jenseits aller Gegensätze stände; er ist deshalb superessentialis, plus quam bonus, plus quam verus, plus quam aeternus u. s. w. (I, 14). In Begriffsbestimmungen kann Gott nicht gefasst werden, sagt Erigena mit Gregor von Nazianz, ist er doch über dem Denken; sondern nur durch Schweigen vermag die Seele die Wahrheit der göttlichen Wesenheit oder vielmehr Überwesenheit zu verehren, die unaussprechlich ist und jeden Gedanken und höchsten Punkt des Wissens

---

*) Betrachte die Frage des Lehrers: Num negabis creatorem et creaturam unum esse? (II, $_2$)

übersteigt (II, 24). Darum gilt es abzusehen von jeder Beschreibung Gottes und ihn als die höchste Spitze und Einheit aller Objekte unserer Wahrnehmung und unseres Denkens anzuerkennen, als das reine, einfache, beziehungslose, überseiende Sein, das jenseits aller menschlichen Erfahrung liegt und in seiner Abstraktheit, Unbestimmtheit und Leerheit mit dem Nichtsein identisch ist. „Deus", heist es V, 21, „propter superessentialitatem suae naturae nihil dicitur." Aber auch diese negative Aussage darf immer nur bildlich verstanden werden, da, wenn auch Gott nichts ist, es doch schlechthin fest steht, dass er ist. Diese abstrakte Fassung Gottes als des reinen, unterschiedslosen, mit sich identischen Seins, die alle Unterschiede im Wesen Gottes aufhebt, verbietet es, Gott Selbstbewusstsein zuzuschreiben. Denn wie kann die göttliche Natur verstehen, was sie ist, da sie ja nicht etwas ist, keinen positiven Inhalt hat? „Deus nescit se, quid est", sagt Erigena unverhohlen, „quia non est quid, incomprehensibilis quippe in alieno et sibi ipsi et omni intellectui" (II, 28). Freilich bestreiten einige Forscher, so besonders Staudenmaier,[*]) welcher das System Erigenas in fast allen Punkten orthodox auslegt und seine Übereinstimmung mit dem katholischen Dogma erweisen will, dass Erigena dem Absoluten das Selbstbewusstsein abspreche; seine Ansicht sei nur, dass Gott sich nicht auf endliche Weise und nicht als endliches Sein erkenne; er negiere also von Gott nicht Intelligenz schlechthin, sondern nur ihre endliche, beschränkte menschliche Form. Allein an den klaren und bestimmten Worten „Deus nescit se, incomprehensibilis est sibi ipsi" wird jede im Interesse eines harmonischen Ausgleichs zwischen der Kirchenlehre und der Spekulation unseres Philosophen angestrebte theistische Deutung seiner Sätze über Gott unmöglich, und sie muss unmöglich werden, da die Konse-

---

[*]) Philosophie des Christentums I. 571.

quenz seiner Grundgedanken den Erigena zwingt, Gott Selbstbewusstsein abzusprechen. Ist dieser absolute Identität und kein Quale, ist er das über alle Gegensätze erhabene, reine Sein, so muss ihm Bewusstsein fehlen, da dieses ein Sich-von-sich-selbst-unterscheiden fordert, das Setzen und Aufheben eines Unterschiedes im Sein voraussetzt.

Diese abstrakte neuplatonische Fassung des Gottesbegriffes bringt ihn wie schon den von ihm hochverehrten Mystiker Pseudo-Dionysius in Differenz mit dem kirchlichen Trinitätsdogma, wie sehr er demselben sich auch an verschiedenen Stellen (II, 29, 31) anzupassen sucht, und wiewohl er häufig ganz orthodoxe Sätze anführt z. B. „pater et filius et spiritus sanctus unum sunt et tres unum, a patre siquidem filius est genitus et ab eo spiritus est procedens." Gott als das mit sich identische Sein kann in sich keine Relationen haben, und so müssen denn wie alle positiven Aussagen der kataphatischen Theologie vom göttlichen Wesen auch die über seine Trinität bildlich verstanden werden. Die drei Personen des Dogmas sind nicht etwa drei verschiedene Hypostasen, drei wirkliche, substanzielle Wesen, sondern Namen, welche die subjektiv verschiedene Betrachtung Gott beilegt, ohne dass dafür im objektiven Wesen Gottes ein Grund vorliegt. Die Ausdrücke, „Gott der Vater, Gott der Sohn und Gott der heilige Geist" gehören ausschliesslich der kataphatischen Theologie an, die damit Verhältnisse bezeichnet, die sie in Gott fälschlich statuieren zu müssen meint. Denn in Wahrheit ist Gott jenseits aller Verhältnisse zu setzen, und ganz nach der Weise der in Abstraktionen lebenden neuplatonischen Spekulation sagt Erigena: „Deus plus quam unitas est et plus quam trinitas" (II, 35).

Was für einen Übergang bahnt sich nun Erigena von dem reinen Sein zum Dasein, von Gott zur Welt, und wie sucht er deren Mannigfaltigkeit und Verschiedenheit mit Gottes Einheit und Einfachheit in Einklang zu bringen. Von den Denkern, welche die Grundvoraussetzung Erigenas von dem reinen Sein als der Wurzel aller Wirklichkeit teilten, sind zwei Wege eingeschlagen worden. Bald liess man die Welt durchaus in Gott aufgehen, indem man ihre ganze bunte Mannigfaltigkeit für blossen Schein erklärte, bald Gott in die Welt, indem man jene Mannigfaltigkeit als die eigene unablässige Bewegung und fortschreitende Selbstbestimmung des absoluten Seins verstand, also als ein Produkt der Emanation Gottes auffasste. Keiner der beiden Erklärungen schliesst sich Erigena bestimmt an, sondern trägt beide neben einander vor, so dass seine Lehre in eigentümlicher Weise zwischen extremem Idealismus und Emanatismus hin und her schwankt. Wo jener vorherrscht, nimmt er dem Dasein seine Objektivität und betrachtet es unter dem Gesichtspunkte der Erscheinung Gottes, fasst er es als subjektive Bilder des Intellekts von dem reinen Sein.*) „Alles, was gedacht und wahrgenommen wird", heisst es III, 4, „ist nichts anderes als die Erscheinung des Nichterscheinenden, das Offenbarwerden des Verborgenen, der Ausdruck des Unsagbaren, der Körper des Unkörperlichen." Die ganze Geistes- und Sinnenwelt ist eine grosse Theophanie, jede Kreatur und jedes Objekt eine Manifestation Gottes, sein Bild, seine Erscheinung. Der Erscheinung muss aber ein Subjekt gegenüberstehen, dem das, was Gegenstand der Erscheinung ist, erscheint, und das Subjekt ist der Geist. Diesen führt Erigena plötzlich und unvermittelt ein, ohne ein Wort darüber verlauten zu lassen, wie zu dem alleinseienden reinen Sein das Denken hinzukomme; er sagt

---

*) Omnia, quae locis temporibusque variantur, corporisque sensibus succumbunt, non ipsae res substantiales vereque existentes, sed ipsarum rerum existentium quaedam transitoriae imagines et resultationes intelligenda sunt (V, 25).

einfach zum Schüler: „intellige divinam essentiam per se incomprehensibilem adiunctam intellectuali creaturae mirabili modo apparere, ita ut ipsa divina essentia sola in creatura intellectuali appareat" (II, 10). Dieses mirabili modo bezeichnet eine bedenkliche Lücke im System, das so den wichtigsten Punkt, den Übergang von der absoluten Substanz zum Geiste, im Dunkeln lässt. Wir sehen auch nicht recht, wie Erigena von seinen Voraussetzungen aus diese Lücke hätte ausfüllen können. Am Sein kann der Geist nicht sein, weil dessen abstrakte Fassung dies unmöglich macht; ausser dem Sein kann er auch nicht sein, weil das absolute Sein nichts anderes ausser sich duldet; höchstens könnte er die Erscheinung des Seins selbst sein, wobei aber doch festzuhalten ist, dass das innere Verhältnis der Erscheinung zu dem Ansichseienden, des Geistes zum Sein, völlig im Dunkeln bleibt. So steht im Systeme Erigenas der Geist äusserlich und unvermittelt neben dem Sein, postuliert behufs der Ableitung der Mannigfaltigkeit der Erfahrungswelt aus dem Einen, Sichselbstgleichen, nicht aber aus diesem deduziert und als denknotwendig erwiesen; mit anderen Worten, der Fortschritt vom Sein zum Denken ist nicht die immanente Bewegung des Begriffs; vielmehr wird dieses nur statuiert, weil die idealistische Betrachtung der Erscheinungswelt, die Auffassung der Erfahrungsobjekte als transitoriae imagines (V, 25) oder non apparentis apparitiones (III, 4), als Theophanien (III, 19), als subjektive Erscheinung des reinen Seins ein Subjekt erfordert. Die Abhängigkeit, in welche Erigena die Welt von dem Denken setzt, also sein subjektiver Idealismus sowie die unvermittelte Einführung des Intellekts ist in der Litteratur über Erigena nur von Baur (Lehre von der Dreieinigkeit II) und Christlieb (Leben und Lehre des Erigena) scharf hervorgehoben worden; die anderen Forscher sind über diese Charakteristika unseres Philosophen flüchtig hinweg gegangen oder haben sie befangen in der realistischen Gedankenreihe des Skotischen Systems nicht erkannt. Selbst Huber beachtet in seiner Monographie über Erigena nicht, dass die Erfahrungswelt bei ihm ein Produkt des Geistes ist und demgemäss nur Phänomenalexistenz hat. Wiewohl es ausdrücklich heisst: „quae dicuntur esse theophaniae sunt, quod intelligitur et sentitur, nihil aliud est nisi non apparentis apparitio, occulti (per se incomprehensibilis essentiae divinae) manifestatio (III, 4), omnis visibilis et invisibilis creatura theophania potest appellari" (III, 19) also hier deutlich die nach I, 10 per se incomprehensibilis essentia divina als der reale Hintergrund der Welt erscheint, welcher nur mit der denkenden Natur (I, 10) verbunden zur Erscheinung kommt und die Vorstellung von der Mannigfaltigkeit der Objekte wach ruft, wiewohl hier die Welt in Theophanien aufgelöst wird, fasst Huber (pag. 144) Theophanie doch nur in dem engeren Sinne einer Erleuchtung, einer Herablassung Gottes zum menschlichen Geiste behufs Steigerung des Erkennens und sittlicher Stärkung, statt unter ihr im weiteren Sinne jedes durch das Denken gegebene Hervortreten des Alleinseienden, also jedes Phänomen zu verstehen. Tritt aber diese Ansicht Erigenas, dass die Welt nichts als eine Summe von im subjektiven Geiste erscheinenden Theophanien sind, zurück, so wird, wie es bei Huber z. T. auch wirklich der Fall ist, das System Erigenas sehr mit Unrecht seines idealistischen Charakters entkleidet.

Der idealistischen Erklärung des Endlichen geht eine jedoch in sich nicht einheitliche realistische zur Seite, in der die Objektivität der Welt anerkannt und ihre Unabhängigkeit vom Intellekt als ausser Frage stehend angesehen wird. In dieser Gedankenreihe betrachtet Erigena die Welt als Ausfluss und Produkt des göttlichen Wirkens, das dem göttlichen Sein immanent und eins mit ihm ist: „Deo esse id ipsum est et facere.' Ist aber Sein und Wirken für Gott ein und dasselbe, so ist seine Thätigkeit nicht ein Akt freier Liebe und freier Reflektion, die ja in Gott überhaupt keinen Platz haben, und höchstens per metaphoram (I, 68) von ihm ausgesagt werden können, sondern einfache Naturnotwendigkeit, ein methaphysischer Prozess, der von Ewigkeit her erfolgt und erfolgen muss. „Deus", hören wir, „non erat, antequam universitatem conderet, nam si esset, conditio sibi rerum accideret;" diese Schlussfolgerung widerspricht aber dem Begriffe von Gott, dessen schöpferische Thätigkeit somit eine ewige ist. Streng genommen können wir aber von einer schöpferischen Thätigkeit Gottes bei Erigena gar nicht sprechen, wenn wir darunter ein Produzieren von Dingen verstehen, die dem Schaffenden selbständig gegenüberstehen und ein selbständiges Dasein und, sofern sie intelligibler Natur sind, sittliche Freiheit haben. Freilich verwendet Erigena bei der Bezeichnung der göttlichen Thätigkeit die dogmatischen Ausdrücke wie facere, condere, creare; aber er verbindet mit ihnen einen anderen Sinn als der christliche Theismus, wie schon das mit obigen Ausdrücken unterschiedslos gebrauchte generare, manifestare (I, 7, 8, 13) besagt. Er bezeichnet mit ihnen die Selbstextendierung des Absoluten, sein Heraustreten und Herausgebären,*) also einen Prozess, dessen Produkt Gott nicht wie ein anderes gegenübersteht, etwa wie dem Künstler sein Werk, sondern ihm vielmehr wesensgleich ist. Das Absolute artet, differenziert und individuiert sich; und diese seine Selbstanalyse ist die Schöpfung der Welt, welche Gott selbst ist, aber nur Gott, sofern er in die Endlichkeit eingegangen ist. „Deus in creatura creatur, se ipsum manifestans superessentialis essentialem et supernaturalis naturalem et omnia creans in omnibus creatum et factor omnium factus in omnibus

---

*) Cum audimus Deum, omnia facere nil aliud debere intelligere, quam Deum in omnibus esse, hoc est essentiam omnium subsistere (I, 72).

et aeternus coepit esse et in omnibus omnia." Gott und die Welt sind also eins; „non duo", lesen wir II, 17, „a se ipsis distantia debemus intelligere Deum et creaturam, sed unum et id ipsum", und den Schluss, welchen der verwunderte Schüler aus den Worten des Lehrers zieht: „Deus itaque omnia est et omnia Deus" (III, 10), weist Erigena nicht zurück. Hier wird also die Selbständigkeit der Welt vollständig aufgegeben, das Absolute reisst alles Dasein an sich und lässt keinen Platz für ein Anderes ausser ihm. Das pantheistische $\ẻν$ $καὶ$ $π\tilde{α}ν$, das infolge des alle Gegensätze — das Endliche und das Unendliche, Gott und die Welt — in sich fassenden Naturbegriffs von vornherein im Systeme angelegt war tritt hier offen zu Tage.

Das abstrakte unterschiedslose Sein kann sich infolge seiner Einfachheit nicht unmittelbar in eine Vielheit von Einzeldingen extendieren und die Wirklichkeit der Welt aus sich herausgebären; das erste, das vielmehr durch den processus Dei entsteht, ist die intelligible Welt, der neuplatonische $κόσμος$ $νοητός$, der die primordiales causae umfasst oder die Ideen, „id est species vel formae, in quibus omnium rerum faciendarum priusquam essent, incommutabiles rationes conditae sunt" (III, 2). Doch muss man sich hüten, diese Ideenwelt des philosophischen Schotten mit der des Plato zu identifizieren. Jene soll den Hervorgang des Sinnlichen aus dem Übersinnlichen erklären und wird deshalb durch den aus dem Stoizismus in den Platonismus eingedrungenen Begriff der Kraft, nicht durch den der Substanz wie die platonische Ideenwelt näher charakterisiert. Auch als praedestinationes werden die primordialen Ursachen definiert, weil in ihnen vorher bestimmt ist, was geschieht, geschehen ist und geschehen wird. Am Anfang des dritten Buches werden uns einige causae primordiales genannt, nämlich bonitas per se ipsam, essentia per se ipsam, vita p. s. i., ratio, intelligentia, sapientia, virtus p. s. i., und es gewinnt hier den Anschein, als ob sie jedes objektiven Daseins entbehrten und göttliche Eigenschaften wären, welche die empirische Betrachtung am Absoluten wahrnimmt; hierzu kommt noch, dass die Zahl der primordialen Ursachen von der Kapazität des betrachtenden Intellekts abhängt (III. 1). In der That müssen wir sagen, dass bei der verbindenden Stellung, welche die primordialen Ursachen zwischen Gott und Welt einnehmen, sie häufig so eng mit Gott zusammentreten, dass sie ihre Selbständigkeit verlieren und als Akte der göttlichen Thätigkeit erscheinen. In diesem Falle knüpft Erigena an das kosmologisch gefärbte Logostheologumen der spekulativen Kirchenväter an, nach denen Gott der Vater im Logos die Welt präformiert und durch ihn geschaffen hat, und lässt die causae primordiales im Logos subsistieren, ähnlich wie den Neuplatonikern die Ideen im νοῦς begründet sind. „Omnium" — heisst es III, 1 — quae sunt primordiales causae, uniformiter et incommutabiliter in Verbo Dei, in quo factae sunt, unum et id ipsum ultra omnes ordines aeternaliter subsistunt." Erinnern wir uns, dass sich Erigena gegen das christliche Trinitätsdogma ablehnend verhält, und dass der Logos ihm lediglich ein Produkt der subjektiven Denkthätigkeit und ein Begriff der kataphatischen Theologie ist, so sehen wir, wie treffend die Lehre von der Subsistenz der primordialen Ursachen im Logos mit der Gotteslehre Erigenas harmoniert. Beide, die primordialen Ursachen sowohl wie der Logos, entbehren der Objektivität und sind durch den Intellekt gesetzt, jene als die Prädikate, die er von dem überschwenglichen Absoluten aussagen zu müssen glaubt, dieser als die Gesamtheit der Prädikate, als der Inbegriff des sich offenbarenden Gottes im Unterschiede zum transcendenten, jenseits aller menschlichen Erkenntnis liegenden Absoluten.

Auf der andern Seite aber bemüht sich Erigena die Realität der Ideen festzuhalten und ihnen ein vom göttlichen Wesen gesondertes Sein zuzuweisen, zumal wenn er sie als das Entstehungsprinzip des vielgestalteten Daseins verwenden will. In diesem Falle fasst er sie als objektive Kräfte, welche, durch die erste Ausstrahlung Gottes, durch das Überfliessen seiner Wesensfülle entstehend, selbst eine gewisse Schöpfungskraft besitzen und vermöge derselben sich in der Welt ein sichtbares Dasein geben, das, da die einzelnen Kräfte untereinander verschieden sind, notwendig von der grössten Mannigfaltigkeit sein muss. Nur vergisst Erigena uns zu sagen, wie das reine, mit sich identische Sein verschiedene Kräfte ausstrahlen könne.

Die primordiales causae können nur dann causae sein, wenn Verursachtes zugleich mit ihnen gesetzt wird; sie wären nicht Ursachen, wenn ihnen eine entsprechende Wirkung je gefehlt hätte; also muss die Erscheinungswelt stets mit ihnen dagewesen sein. Da sie ferner „Deo coaeternae" sind, so muss notwendig auch die Erscheinungswelt ewig und das kirchliche Dogma von der zeitlichen Schöpfung ein Irrtum sein. Allein Erigena sucht diese Heterodoxie, zu der ihn die Konsequenz seiner Naturphilosophie treibt, möglichst zu vermeiden und seine Lehre mit dem Dogma in Einklang zu bringen. Zu diesem Zwecke unterscheidet er zwischen idealer und realer Existenz und schreibt der Welt nur in ersterem Sinne Ewigkeit zu; virtuell hat sie stets in den primordialen Ursachen existiert, aber erst in der Zeit oder mit der Zeit ist sie aus ihnen heraus in die Erscheinung getreten. Allein diese Verschleierung der Koäternität der dritten Naturform mit der ersten und zweiten Naturform will nicht recht glücken, da der Gottesbegriff ihr widersteht; an den Sätzen „Deus non erat substistens, antequam universitatem conderet, nam si esset, conditio sibi rerum accideret" (III, 8), sodann „si Dei sapientia in effectus causarum non descenderet, causarum ratio periret, pereuntibus causarum effectibus nulla causa remaneret"

(V, 25) wird sie zu nichte. Als Prinzip des Heraustretens der Ideen in die Erscheinungswelt sieht Erigena den heiligen Geist an, dessen soteriologische Bedeutung im Dogma hier auch kosmologisch erweitert wird.*) Das Verhältnis der Thätigkeit der drei Personen der Trinität bestimmt somit Erigena in folgender Weise: der Vater schafft, im Sohne wird alles einheitlich, durch den Geist wird es ausgeteilt in seine Wirkungen (III, 17). Doch ist diese Thätigkeit nicht als eine gesonderte zu denken, sie ist ein und dieselbe Wirksamkeit Gottes; ihre Differenzierung sowie ihre Verteilung an die drei Personen fällt nur dem betrachtenden Subjekt zu, das in Gott eine Verschiedenheit der Wirkungen und der Personen setzt. Im Folgenden hören wir deshalb auch weiter nichts über die Wirksamkeit des heiligen Geistes. Das Problem nun, wie durch den Geist das Hervorgehen der Erfahrungswelt aus den primordialen Ursachen erfolgt, lässt Erigena das eine Mal mit den Worten „ineffabili modo" (III, 4) im Dunkeln, das andere Mal (III, 15) erhellt er es durch die Worte „per generationem." Wir sehen, dass er das Hervorgehen näher als eine Emanation denkt; gleichwie er die primordiales causae, sobald er ihnen eine objektive Existenz zuschreibt, durch ein Überfliessen der Wesensfülle Gottes entstehen lässt, so betrachtet er die Wirklichkeit der Welt als eine Emanation der Ideenwelt. Der Punkt aber, auf dem in dem Emanationsprozess mit innerer Notwendigkeit die Erfahrungswelt aus den primordialen Ursachen hervorgeht, bleibt im Dunkeln. Deshalb hilft sich Erigena, indem er von der realistischen Erklärung der Welt durch eine Emanation plötzlich wieder abspringt und zu einer idealistischen Welterklärung übergeht. Die Quantitäten und Qualitäten, die an sich un-

---

*) „Spiritus causa est divisionis et multiplicationis distributionisque causarum omnium, quae in Filio a Patre factae sunt, in effectus suos."

körperlich und formlos sind, bilden durch ihr Zusammentreten die Materie, welche an sich formlos, unkörperlich und unwirklich ist; aber die aus der Ideenwelt niederstrahlenden Formen verbinden sich mit der Materie und erzeugen, wiewohl auch sie unkörperlich sind, in dieser Verbindung die Sinnenwelt. Erigena lehrt also, dass durch das Zusammentreten eines Unkörperlichen mit einem anderen Unkörperlichen ein Körperliches entstehe.*) Allein dies ist unmöglich; die Vernunft wenigstens kann das durch das Zusammentreten der Accidenzen mit der Idee gebildete Körperliche nicht als ein Körperliches anerkennen, sie muss es als einen Schein ansehen; und so folgt dann daraus, dass die ganze Erscheinungswelt eine Phantasmagorie ist, dass die Objekte unserer Erfahrung nur „ipsarum rerum vere existentium quaedam transitoriae imagines et resultationes" sind. Ja noch mehr, da sie durch die Verbindung der Idee mit der Materie entstanden sind, ist ein Moment der Unwahrheit und des Truges in sie gekommen, sie sind nicht adäquate Erscheinungen der primordialen Ursachen, sondern „falsae imagines" (III, I). Das Wahre an den einzelnen Objekten ist nur die in sie hineinleuchtende Idee, die von der Vernunft erkannt wird, das Individuelle dagegen, die Accidenzen, haben eine rein phänomenale Bedeutung.

Am klarsten sehen wir Erigenas idealistische Grundanschauung in der Lehre vom Menschen hervorleuchten. Denn während dem Denken, auf das die gegen die Einheit des Seins kontrastierende Mannigfaltigkeit der Erscheinungswelt zurückgeführt wurde, bisher der Boden mangelte, in dem es wurzeln konnte, erhält es diesen nunmehr im Menschen, der dadurch eine zentrale Stellung innerhalb des Endlichen einnimmt. Er ist Mikrokosmus, alles Sichtbare und Unsichtbare ist in ihm geschaffen;

---

*) „Concedis ex incorporalium coitu corpora posse fieri?" Disc. „Concedo ratione coactus:"

in seinem Geist ist die intelligible Welt, in seinem Körper die sinnliche angelegt;*) es giebt daher keine Kreatur, die nicht im Menschen erkannt wird (II, 9), weshalb auch der Mensch in der heiligen Schrift öfters omnis creatura heisst. Aber die Welt ist nicht nur implicite im Menschen enthalten, sondern wird, da der Begriff die Sache selbst („quod interest inter notitiam et res ipsas, quarum notitia est plane non video" IV, 7) und das Denken und Vorstellen ein Schaffen und Erzeugen ist (IV, 7), durch den Menschen auch in das Dasein gesetzt und hervorgebracht; dieser ist, wie Erigena einmal treffend sagt, die officina creaturarum omnium (III, 37). III, 12 und II, 24 hören wir dann weiteres über die schöpferische Thätigkeit des Menschen. Erigena vergleicht sie geradezu mit der göttlichen Thätigkeit, durch die er, wo er die Welt als objektiv real ansieht, die Dinge entstehen lässt. Wie wir in dieser drei Momente unterscheiden können, die Thätigkeit des Vaters, des Sohnes und des Geistes, so erfolgt auch jene durch die dreifache Bewegung der Seele in dem intellectus, der ratio und dem sensus interior. Lassen wir Erigena selbst sprechen: „Im Sohne als seiner eigenen Weisheit brachte der Vater alles hervor und bewahrte es unveränderlich und ewig; ebenso fasst der menschliche Gedanke alles Göttliche und die Urgründe der Dinge aufs reinste auf, bildet es auf künstlerische Weise in der Vernunft mit wundervoller Wissenskraft zur Erkenntnis aus und birgt es durch das Gedächtnis im verborgenen Innern. Wie aber der Vater das, was er im Sohn zugleich und auf einmal uranfänglich und ursächlich, einfach und allgemein geschaffen hat, durch den Geist in die zahllosen Wirkungen der uranfänglichen Ursachen verteilt, mag es nun in gedankenhafte Wesenheiten fliessen, die jeden leiblichen Sinn übersteigen, oder mag

---

*) „Deus omnem creaturam visibilem et invisibilem in homine fecit."

es in die bunte Mannigfaltigkeit der sichtbaren Welt
sich ergiessen, so verteilt der aus der „gnostischen" Betrachtung der intelligiblen Welt gebildete Gedanke, was
er mit künstlerischer Vernunft schafft und durch den
inneren Sinn der Seele aufbewahrt, auch zu klarer und
bestimmter Erkenntnis der geistigen und sinnlichen Dinge."
Es ist fast, als hörten wir hier die Worte eines Idealisten
aus dem Anfange unseres Jahrhunderts, da der Intellekt
hier als Weltschöpfer erscheint, der die Erfahrungsobjekte
produziert. Die beiden Angelpunkte, um die sich der Kern
der idealistisch-pantheistischen Gedankenwelt Erigenas
bewegt, Gott oder das reine Sein und der Intellekt als
der Erzeuger der Erscheinungswelt, rücken den philosophischen Schotten des neunten Jahrhunderts nahe an die
deutschen Denker des neunzehnten Jahrhunderts heran;
die Verwandtschaft mit Fichte insbesondere ist in die
Augen springend. Wie in dem Wissenschaftslehrer das
Ich seiner Absolutheit gewiss ward und sich als den Weltschöpfer erkannte, so strebt auch in Erigena das Selbstbewusstsein nach absoluter Bedeutung und sucht oberstes
philosophisches Prinzip und der Erklärungsgrund für die
Mannigfaltigkeit der Erscheinungswelt zu werden. Der
übernommene objektive platonische Idealismus erhält dadurch eine Wendung zum subjektiven Idealismus, die
bei Plato an und für sich abgesehen vom Intellekt be-
stehende Ideenwelt und deren εἴδωλα, die Gegenstände
der Sinnenwelt, verlieren ihre Objektivität und werden
abhängig vom Intellekt, der sie nun produziert und in
sich hat und nur das reine Sein ausser sich hat. Sobald
diesem eine Eigenschaft beigelegt, es also als irgend eine
Form des Daseins gefasst wird, ist es ein Gedachtes und
verdankt diese seine Gestaltung dem Intellekt. Schon oben
sahen wir, dass der Intellekt bei Erigena nur als die Erscheinung oder das Dasein des absoluten Seins zu denken
war; der individuelle Geist ist deshalb das individuell
gewordene Dasein Gottes, er ist göttlichen Geschlechts,

also seinem inneren Wesen nach identisch mit dem göttlichen Sein, das an sich unbewusst im endlichen Subjekte Bewusstsein erlangt. Wenn deshalb „intellectus aliquis se ipsum perfecte intelligit, Deum intelligit, qui est intellectus omnium"; der sich selbst erfassende Geist hat eine adäquate Erkenntnis vom göttlichen Geiste, vom Dasein des Absoluten, jedoch nicht von diesem selbst, welches ja, wie wir sahen, per se incomprehensibilis ist.

Vergebens sucht Staudenmaier*) aus dem Systeme des Erigena den Idealismus durch die Behauptung zu eruieren, dass bei ihm die Einheit des Gedankens mit dem erkannten Objekte keine wesentliche, sondern eine rein formelle sei, dass der menschliche Geist die Dinge nur für das Erkennen, nicht aber an sich hervorbringe. Denn oben bei der Ableitung der dritten Naturform wurde ihr jede Realität entzogen und ihr ein phänomenaler Charakter vindiziert, sie wurde in eine Summe unselbständiger apparitiones et imagines verflüchtigt; es würde also für den Parallelismus zwischen Gedanken und Objekten, welchen Staudenmaier aus Erigena nur herauslesen will, das zweite Glied, die Objekte, fehlen, und hiermit ist seine Auffassung schon als irrig erwiesen. Ihr widerspricht weiter noch der Vergleich, den Erigena zwischen der Thätigkeit des menschlichen Geistes und der schöpferischen Thätigkeit Gottes zieht, von welcher er in seiner realistischen Gedankenreihe zu sprechen weiss; so gewiss er dort die Erscheinungswelt durch ein Überfliessen der Wesensfülle Gottes entstanden denkt, so gewiss lässt er sie in seiner idealistischen Gedankenreihe durch den menschlichen Intellekt ins Dasein gesetzt werden; sonst wäre sein Vergleich ungerechtfertigt. Sodann hätte Erigena, bestände Staudenmaiers Auffassung zu Recht, den Menschen unmöglich eine officina creaturarum omnium nennen können, nicht ohne Einschränkung

---

*) Philosophie des Christentums I, 544.

schreiben dürfen: „intellectus omnium est omnia" (III, 4), „intellectus rerum veraciter ipsae res sunt dicente Dionysio: cognitio eorum quae sunt, ea, quae sunt, est" (II, 8) und nun gar vollends „intelligo ipsam cognitionem substantiam esse veram ac solam eorum, quae cognita sunt" (IV, 7).

Wie alle pantheistischen oder doch wenigstens pantheistisch angehauchten Systeme sich gezwungen sehen, die Realität des Bösen zu bestreiten, so wird auch Erigena von seinen Prinzipien dazu gedrängt, das Böse für wesenlosen Schatten, für ein Nichts zu erklären. Er bewegt sich hier ganz wieder in den Bahnen des Pseudo-Areopagiten, der das Böse folgendermassen definiert: „στέρησις ἐστι τὸ κακὸν καὶ ἔλλειψις καὶ ἀσθένεια καὶ ἀσυμμετρία" (de div. nom. cap. 5). Es giebt nur relativ Geringeres, nicht schlechthin Böses; wohl erscheint Einzelnes der empirischen Betrachtung schlecht und hässlich, sündig und böse, aber lenkt man den Blick von dem Einzelnen auf das Ganze und betrachtet es sub specie aeternitatis, so verliert es diesen Charakter und trägt zur Erhöhung der Schönheit und zur Harmonie des Ganzen bei.*) Wie bei einem schönen, grossen Gemälde einzelne für sich betrachtet unschöne Partieen in Beziehung zum Ganzen schön sind, dessen Wert erhöhen und darum ein wesentliches Moment der allgemeinen Schönheit bilden, so ist auch für die altior rerum speculatio das Böse nur ein dienendes Glied in dem herrlichen Bilde und in der entzückenden Symphonie des Universums.

Wenden wir uns nun der Natur zu, welche weder geschaffen wird noch schafft, und betrachten wir, wie die Rückkehr der Dinge zu Gott und ihre Vereinigung

---

*) „Quod deforme per se ipsum in parte aliqua universitatis existimatur, in toto non solum pulchrum, quoniam pulchre ordinatum est, verum etiam generalis pulchritudinis causa efficitur, omnes virtutes ex oppositis sibi vitiis non solum laudem comparant, verum etiam sine illorum comparatione laudem non acquirerent" (V, 35).

mit ihm erfolgt. Nachdem, was wir bisher gehört haben, konnte Erigena den Adunationsprozess des Menschlichen mit dem Göttlichen nur in der altior rerum speculatio, der gnostica scientia erblicken, in der metaphysischen Contemplation, in welcher der menschliche Geist über alles Sichtbare und Unsichtbare sich erhebt, die Welt für blossen Schein erkennt, sich selbst als die Erscheinung Gottes erfasst und in ihn übergeht. Durch die spekulative Denkbewegung löst sich der Mensch von aller Täuschung, die durch die Sinnenwelt bereitet wird, los, erkennt ihre Nichtigkeit und ihren trügenden Schein (II, 23, 27); durch sie schwingt er sich in den Äther der Ewigkeitswelt, in dem er der Endlichkeit, die ihm bisher gleich einem Aussatze (V, 6) anhaftete, entkleidet und vergottet wird, d. h. in Gott unter- und übergeht. Es ist, sagt Erigena V, 21, der intellektuellen Substanz eigen, in Kraft der Beschaulichkeit eins mit Gott zu werden und so zum wahren, ewigen Leben durchzudringen. Ja solch kontemplatives Sicherheben über die Welt macht das charakteristische Wesen des Menschen aus; deshalb haben die Griechen die Menschheit treffend ἀνθρωπεία genannt, d. h. Aufwärtsgerichtetsein (ἀνωτρωπεία) oder das Aufgerichtetsein des Angesichtes (ἀνωτιροῦσα ὄψιαν). Und zu dieser spekulativen Betrachtung bedarf der Mensch keiner fremden Hülfe, er kann sie und damit seine Erlösung und Vergöttlichung selbst vollziehen „secundum insitas sibi naturales virtutes". Er braucht also keinen Erlöser, dem übrigens schon durch die Leugnung der Realität des Bösen der Boden entzogen ist. Ausdrücklich sagt Erigena: „inter Deum et humanitem nullum interstitium constitutum est", „inter humanitatem et creatorem nulla creatura intercluditur (V, 31); und tritt damit in den schärfsten Gegensatz zum christlichen Dogma. Aber solche Äusserungen finden sich bei Erigena doch immerhin nur vereinzelt, von der Consequenz seiner pantheistischen Grundgedanken getrieben, hat er sie in einem unbeachteten Augenblicke ausgesprochen. Denn gerade hier bei der Lehre von der Versöhnung zwischen Gott und Welt, wo der Gegensatz zwischen Pantheismus und Theismus und die Abkehr vom kirchlichen Dogma am schroffsten zu Tage treten muss, folgt Erigena mehr seinem christlichen Bewusstsein, als der Consequenz seiner Prinzipien. So hören wir ihn denn wiederum, was nach dem Vorigen ganz ausgeschlossen sein musste, auch von einer Erlösung der vernünftigen und unvernünftigen Kreatur und von ihrer Vergottung durch Jesus Christus sprechen. Er berichtet einzelne Züge aus dessen irdischem Leben (II, 23, V, 27), das uns das Heil erwarb, redet von seiner Auferstehung und Verklärung (IV, 20 und öfters), nennt ihn dominus, salvator, redemptor (IV, 9, V 20, 25, 26) und betet selbst zu ihm (V, 38). Aber unter den Händen zerrinnt ihm wieder die Heilsbedeutung des historischen Christus, dem Drange der Gedanken zum Pantheismus hin kann das geschichtliche Bild des Erlösers nicht Widerstand leisten, und die reale erlösende Thätigkeit des Heilands verflüchtigt sich zu einer allgemeinen erlösenden Thätigkeit des menschlichen Intellekts. Christus wird geradezu der allgemeine Intellekt genannt*) d. h. der reine, von allem Endlichen abgekehrte, zum Absoluten sich erhebende, mit einem Worte der denkende Geist. Er ist also nicht ein einzelner Mensch gewesen, der einst in Israel lebte und um unseretwillen sein Leben beschloss, vielmehr der ideale Mensch der Mensch an sich.

Beachten wir auch folgendes, was Erigena von der Inkarnation des Logos sagt, die ihm nicht ein freier Akt der Gnade und des göttlichen Erbarmens ist, sondern ein metaphysisch Notwendiges. Denn das Wort Gottes, d. h. wie wir sahen, der Inbegriff der Primordialursachen

---

*) „Christus, qui omnia intelligit, immo est omnium intellectus" (II, 14).

musste in die Wirkungen herabsteigen*), damit die primordialen Ursachen Ursachen blieben. Denn wenn die Wirkungen der Ursachen untergingen, würde auch keine Ursache zurückbleiben, sowie keine Wirkung bleiben würde, falls die Ursachen untergingen, denn da sie korrelat sind, entstehen beide zugleich und gehen beide zugleich unter oder bestehen zugleich und immer. Unter der Incarnation ist hiernach nicht ein einzelnes, bestimmtes, von der heiligen Schrift uns berichtetes Faktum, wie die kirchliche Lehre will, zu verstehen, sondern eine Menschwerdung von Ewigkeit her, das ewige notwendige Verhältnis zwischen Gott und Welt, die Immanenz beider, sofern Gott ebensowenig ohne die Welt sein kann, als die Welt ohne Gott, sofern beide in ihrem Wesen sich gegenseitig bedingen und fordern. Im menschlichen Bewusstsein erlangt dies Verhältnis zwischen Gott und Welt, d. h. ihre ewige Einheit, welche der Gottmensch darstellt, konkrete Wirklichkeit, so dass das allgemeine Bewusstsein, entkleidet aller individuellen Schranken, selbst der Gottmensch ist. Hiernach ergiebt sich der Satz, den wir oben fanden, „Christus est omnium intellectus" als das Resultat der Christologie Erigenas, der demgemäss die christliche Erlösungslehre durch einen Mittler notwendig in die Sichselbsterlösung des Einzelnen durch seinen Intellekt umdeuten muss. Dieser hat in der spekulativen Betrachtung zu leben und den Gedanken der Immanenz des Göttlichen und des Menschlichen stets in sich zu hegen. In der Beschreibung dieses Losreissens des Intellekts vom Endlichen und seines Zustrebens zum Absoluten zeigt sich Erigena in Ausdrücken wie: „tagtäglich

---

*) „Si Dei sapientia in effectus causarum, quae in ea aeternaliter vivunt, non descenderet, causarum ratio periret; pereuntibus enim causarum effectibus nulla causa remaneret, sicuti pereuntibus causis nulli remanerent effectus, haec enim relativorum ratione simul oriuntur et simul occidunt aut simul et semper permanent" (V, 25).

soll im Schoss des Glaubens wie im Innersten einer keuschen Mutter Christus empfangen, geboren und genährt werden" (II, 33) ganz als einer der pantheistischen Mystiker, auf deren mittelalterliche Reihe er bekanntlich von dem grössten Einfluss war.

Ewig wie die Welt, wie deren processio aus Gott muss auch ihr reditus zu ihm, ihre durch die virtus contemplationis erfolgende adunatio mit ihm sein. Nicht in Zukunft, am Ende der Tage erfolgt durch ein freies Eingreifen Gottes die Auflösung der Welt und ihre Rückkehr zu Gott; nein sie erfolgt fort und fort und kann und muss erfolgen, da der Intellekt in sich die Kraft zur cognitio intellectualis, altior rerum speculatio hat, die die Versöhnung mit Gott herbeiführt und zu ihr auch durch metaphysische Notwendigkeit gedrängt wird (V, 6).*)
Er erkennt die Körperwelt als leeren Schein und hebt damit alle Differenzierung und Spaltung in der Welt auf. Die Vernichtung des Körpers d. h. die Negation welche der Tod am Ende des Lebenslaufes vollzieht, hat der Intellekt schon vorher vollzogen, so ist der Prozess der Rückkehr zu Gott ein gegenwärtiger und dem zeitlichen Verlaufe der Welt immanent. Jedoch tritt auch diese, aus den Prinzipien Erigenas sich ergebende Ansicht nur an einzelnen Stellen schüchtern hervor**); Erigena scheut sich die Consequenz seines Systems zu ziehen und in offenbaren Widerspruch mit dem kirchlichen Lehrgehalte sich zu setzen, und so hören wir ihn denn im fünften Buche sehr ausführlich von einer objektiven und zukünftigen Weltvollendung reden, die er stufenweise

---

*) „Naturaliter cogitur redire in Deum" heisst es; doch sonst praediziert Erigena vom Menschen die Willensfreiheit, freilich ohne auch nur zu versuchen, den Indeterminismus seinen pantheistischen Gedanken harmonisch einzugliedern.

**) „Processio creaturarum earundemque reditus ita simul rationi occurrunt eas inquirenti, ut a se invicem inseparabiles esse videantur" (II, 2).

sich vollziehend denkt. Näher auf dieselbe hier einzugehen, können wir unterlassen, da diese Lehre nicht aus den Prämissen Erigenas geflossen ist und mit den übrigen Lehren auch nur in ganz lockerem Zusammenhange steht. Das Resultat der Rückkehr zu Gott ist eine ἀποκατάστασις τῶν πάντων, die Erigena nach seiner Ansicht vom Bösen als einem nihil trotz der gegenteiligen kirchlichen Lehre festhält, und für die er sich auch auf einzelne griechische Theologen berufen konnte (V, 30, 35, 38). Sämtliche Kreaturen verschmelzen mit Gott und sind mit ihm eins (V, 20 „universalis creatura creatori adunabitur et erit in ipso et cum ipso unum"), der nun alles in allem ist. Vergebens bemüht sich Erigena an einigen Stellen (besonders V, 8) die persönliche Unsterblichkeit festzuhalten. Denn da er eine Verbindung und Verschmelzung des Kreatürlichen mit Gott lehrt und diesen wiederum als das reine, unterschiedslose, mit sich identische Sein fasst, muss diese Verbindung für den Menschen den Untergang seiner Selbständigkeit bedeuten und Gott für ihn der Abgrund sein, in den er zuletzt versinkt*).

III.

Schon des öfteren ist in der philosophischen und theologischen Litteratur von der nahen Verwandtschaft ge-

---

*) Vergleiche die Äusserungen über den interitus sanctorum contemplationis virtute in ipsum Deum transeuntium und über die mors sanctorum, die identisch ist mit dem transitus in Deum contemplationis celsitudine (V, 29). Wenn nach Huber pag. 370 Erigena die Einigung der menschlichen Natur mit Gott unter Bewahrung ihrer Eigentümlichkeit erfolgen lässt, so kann er für seine Auffassung manche Belegstellen anführen, oben ist ja auch betont worden, dass Erigena gerade bei der Behandlung der natura nec creata nec creans Heterodoxien möglichst zu vermeiden sucht. Aber die Consequenz seiner Prinzipien führt dazu, die individuelle Unsterblichkeit zu leugnen, und dass er diese Consequenz zuweilen thatsächlich zieht, beweisen Äusserungen wie die vorstehenden.

sprochen worden, die zwischen dem oben dargestellten Systeme des Erigena und denen der deutschen Idealisten am Anfange unseres Jahrhunderts obwalte, im Besonderen fand man bei dem spekulativen Schotten nahe Berührungspunkte mit Hegel. So nennt ihn Noack in dem Vorworte zu seiner trefflichen Übersetzung der divisio naturae geradezu den Hegel des neunten Jahrhunderts, und Christlieb (Leben und Lehre des Johannes Skotus Erigena pag. 458) lässt gerade zwischen dem Systeme Hegels und der Lehre Erigenas „die merkwürdigsten Berührungspunkte" vorhanden sein. Und gewiss hat Erigena mit dem Lehrer des absoluten Idealismus vieles gemein, niemand wird dies leugnen wollen; nur fragt es sich, ob er sich nicht noch näher und zwar gerade in der Lösung der methaphysischen Hauptprobleme mit dem späteren mystisch gerichteten Wissenschaftslehrer berühre, ob die Verwandtschaft der divisio naturae mit den späteren Fichtischen Schriften, vor allem mit der Anweisung zum seligen Leben nicht noch inniger ist, als mit irgend einer Hegelschen Schrift. Dies möchte ich behaupten in Übereinstimmung mit Baur (Lehre von der Dreieinigkeit III, pag. 693) und Ritschl (Christliche Lehre von der Rechtfertigung und Versöhnung I, pag. 567). Setzt man den Erigena mit Hegel in Parallele, so denkt man daran, dass beide Systeme fast in dem gleichen höchsten metaphysischen Begriff kulminieren, dass Erigena das Absolute als das reine identische Sein betrachtet, „quod propter superessentialitatem suae naturae nihil dicitur", und auch Hegel von diesem reinen Sein ausgeht, welches infolge seiner Qualitäts- und Inhaltslosigkeit in das Nichts umschlägt. Aber man vergisst hierbei, dass Erigena bei dieser abstrakten Fassung des Absoluten in seiner idealistisch-pantheistischen Gedankenreihe stehen bleibt, es in neuplatonischer Weise ἐπέκεινα τοῦ καὶ οὐσίας sein lässt, es nur als die reine Indifferenz und Negation aller Gegensätze betrachtet und diese Fassung des Absoluten mit solcher Energie festhält, dass er in ihm nicht das Prinzip des so verschieden gestalteten endlichen Seins zu erblicken vermag. Hegel hingegen schreitet in der Befolgung seines Grundsatzes: „alles kommt darauf an, dass die Substanz als Subjekt aufgefasst werde" (S. W. II, 14) über diese Fassung des Absoluten hinaus, und betrachtet es als Entwicklung, als einen ewigen Prozess; es entwickelt sich kraft seiner selbsteigenen Natur von einer Bestimmtheit zur anderen, schliesst sich auf zu dem ganzen Reichtum der idealen und realen Welt. Bei Hegel ist Gott der absolute Schoss, unendliche Quellpunkt, aus dem alles hervorgeht (XI, 53), objektiv hervorgeht, so dass über die Realität der Erscheinungswelt kein Zweifel besteht; bei Erigena bleibt Gott ein abstraktes Allgemeines, er ist nicht schöpferisches Prinzip, noch erzeugt er die Welt aus sich heraus. Diese entbehrt der Objektivität und ist ein Produkt des Geistes, welcher mit dem reinen Sein nicht innerlich verknüpft ist. Diese abstrakte Fassung des Absoluten, bei welcher der Substanzbegriff noch nicht in den Begriff des Subjekts hinübergeleitet ist, sowie die idealistische Verflüchtigung der Erscheinungswelt entfernt den Erigena ebensoweit von Hegel, als sie ihn dem späteren Fichte nähert. Ferner denkt man bei einer Parallelisierung Erigenas und Hegels daran, dass beide erst im Menschen das Absolute zum Selbstbewusstsein kommen lassen, weshalb Hegel die menschliche Natur die Wirklichkeit der göttlichen Natur nennt und Erigena dem Menschen eine so zentrale Stellung in seinem Systeme zuweist; aber man vergisst auch hier wieder den grossen Unterschied, dass Hegel uns im Gegensatze zu Erigena den Entwicklungsgang zeigt, auf dem Gott im Menschen Bewusstsein erlangt. Er lässt ihn sich zu seinem Anderssein, der Natur, entäussern und in dieser allmählich aus dem Aussersichsein zum Fürsichsein aufsteigen, im Menschen sich selbst erfassen. Erigena hinwieder lässt die Entstehung des Intellekts und seine Entwicklung aus dem reinen Sein im Dunkeln und macht gar keinen Versuch, ihn aus dem Absoluten abzuleiten. Hierin berührt er sich aber wieder auf das Nächste mit Fichte, welcher gleichfalls das Wissen neben das Sein setzt, ohne es genetisch aus diesem zu deduzieren. Als einen weiteren Berührungspunkt zwischen Erigena und Hegel nennt Christlieb (pag. 459) die ähnliche Auffassung der Trinität. Wie nach Hegel der Vater der abstrakte Gott, das Allgemeine, der Sohn die unendliche Besonderheit, der Geist die Erscheinung, die Einzelheit als solche ist, ist auch dem Erigena der Vater die allgemeine Substanz, die sich im Logos in eine Vielheit von Idealprinzipien besondert und im heiligen Geiste, der causa divisionis et multiplicationis causarum in effectus, in die Erscheinungswelt heraussetzt und Einzeldinge bildet. Allein diese Anschauung über die Trinität, besonders über die kosmologische Bedeutung des heiligen Geistes entwickelt Erigena doch nur in jener seiner Gedankenreihe, in welcher er im Anschluss an das Dogma die Realität der Erscheinungswelt festzuhalten sucht, und welche damit aus den akosmistisch-idealistischen Grundanschauungen des Systems herausfällt. Und doch vertritt auch in ihr Erigena noch eine immerhin wesentlich andere Trinitätslehre als Hegel, und Christliebs Zusammenstellung der Ansichten beider Philosophen verwischt einfach die Gegensätze. Hegels Trinität ist die Metaphysierung des Verhältnisses von Thesis, Antithesis und Synthesis[*]); Gott der Vater ist das ὄν, die ewige Idee ohne Inhalt und Unterschiede, aber in sich das Prinzip des Fortgehens zu Unterschieden habend, Gott der Sohn die Evolution und Erscheinung Gottes in der Zeitlichkeit,

---

[*]) „Gott als lebendiger Geist ist dies: sich von sich zu unterscheiden, ein Anderes zu setzen und in diesem Anderen mit sich identisch zu bleiben. Diese ewige Idee ist in der christlichen Religion ausgesprochen als Dreieinigkeit."

der heilige Geist ist Gott in seiner Rückkehr aus seiner Erscheinung in sich selbst im Prozess der Versöhnung und damit das Gottesbewusstsein der Gemeinde, in dem der Unterschied zwischen Endlichem und Unendlichem aufgehoben und das subjective Ich mit Gott versöhnt ist, sich mit ihm eins weiss. Bei Hegel bedeutet also der heilige Geist die Synthesis zwischen Gott Vater und Gott Sohn, die Einheit des Absoluten mit den Momenten seiner Selbstentwicklung, die Aufhebung des Unterschieds zwischen Endlichem und Unendlichem; in Erigenas realistischer Gedankenreihe ist er dagegen als causa divisionis et multiplicationis causarum in effectus gerade das die Mannigfaltigkeit der empirischen Welt erzeugende Prinzip und hat die entgegengesetzte Bedeutung als im Hegelschen System. Christliebs Nebeneinanderstellung beider Philosophen ist in diesem Punkte geradezu falsch. Was er sonst noch zum Beweise ihrer nahen Verwandtschaft anführt: die Auffassung des Mittlers Jesu Christi als des menschlichen Intellekts, die Betrachtung der Menschwerdung Gottes als eines ewigen und notwendigen allgemeinen Aktes ist gewiss beachtenswert; aber es kann doch nicht einen Grund dafür abgeben, Erigena gerade zu Hegel in Parallele zu setzen. Denn in obigen Lehren stimmen mehr oder minder alle Vertreter eines idealistischen Pantheismus überein, ich erinnere nur an Schelling; und dieselben Lehren bezeugen mit der gleichen Beweiskraft auch die Verwandtschaft der divisio naturae mit der Anweisung zum seligen Leben. Und für diese Verwandtschaft spricht, wie oben gezeigt ist, auch noch die gleiche Lösung der metaphysischen Hauptprobleme, die Bestimmung des absoluten Seins und seines Verhältnisses zum Wissen und damit zu den endlichen Subjekten und zu der Erscheinungswelt. Diese Übereinstimmung der Ansichten Erigenas und Fichtes in den höchsten und letzten Fragen, die des Menschen Nachdenken beschäftigen, rechtfertigt und fordert ihre Zusammenstellung und gemeinsame Kritik.

Betrachten wir nun den obersten metaphysischen Begriff, in dem beide Philosophieen gipfeln. Im Anschluss an den Neuplatonismus, der das Absolute nur dann adäquat aufzufassen meinte, wenn er dessen Transscendenz möglichst steigerte, es jenseits aller korrelativen d. h. einen Gegensatz involvierenden Begriffe setzte und als das reine alle Vielheit von sich ausschliessende, abstrakte, namenlose Eins dachte, negiert Erigena vom Absoluten jede Bestimmtheit und betrachtet es als das schlechthin überseiende Sein. Fichte hinwieder konnte, nachdem er sich von der Schwäche eines subjektiven aller Objektivität entleerten Idealismus, von der Unhaltbarkeit der Auflösung aller Realität in Funktionen überzeugt hatte, und über das reine Ich zum objektiven, realen Sein hinausgegangen war, unter dem Eindrucke des einseitigen*) spinozistischen Satzes: „omnis determinatio est negatio" das Absolute gleichfalls nur als das reine mit sich identische Sein bestimmen. Beide Philosophen legen auf diese abstrakte Fassung des Absoluten als einer durchaus unwandelbaren Einerleiheit das grösste Gewicht; ihre Systeme erhalten durch diesen Seinsbegriff ihr charakteristisches Gepräge, und er wird daher zuerst Gegenstand nüchterner Kritik sein müssen.

Fichte und Erigena sind der Ansicht, dass man bei der Ergründung des Absoluten nach fortgesetztem Abstrahieren von aller Bestimmtheit schliesslich den Begriff des schlechthin Einen erhalte, das allein einen sicheren Boden zum Aufbau der Metaphysik biete. Aber ist denn eine absolute Einerleiheit zu denken, überhaupt

---

*) Einseitig sage ich, denn eine Bestimmtheit ist nicht nur Negation, sondern zugleich auch Position; und nicht jede Bestimmtheit bedingt eine Negation oder einen Mangel an Realität, so vor allem nicht die Bestimmtheit, welche aus der negatio negationis folgt. Vergleiche Baader: Omnis determinatio est formatio, formatio est distinctio, distinctio est positio simulac negatio S. W. XIII, 232 und IX, 36.

möglich? Erigena und Fichte bejahen diese Frage und mit ihnen die Eleaten und Neuplatoniker; aber bei aller Anerkennung ihres Scharfsinnes müssen wir ihnen in diesem Punkte widersprechen, weil nach unserer Ansicht die Natur des Denkens den Gedanken einer reinen Identität unmöglich macht. Dieses besteht nämlich aus zwei Momenten, dem subjektiven und dem objektiven, und keins von diesen beiden darf verschwinden, soll das Denken nicht selbst aufgelöst werden. Im Denkakte sind wir uns nämlich stets des Unterschiedes zwischen uns und dem gedachten Objekte, dem Gedankeninhalte, bewusst; und soll er auch auf das reine identische Sein gehen, dessen einen Moment wir selber bilden, wir unterscheiden doch eben, indem wir dieses Sein denken, es von uns selbst, wir als Subjekt stellen es uns als Objekt, als etwas Andersartiges, gegenüber. Soweit wir in Abstraktionen auch aufsteigen und ein möglichst eigenschaftsloses Sein zu denken uns bestreben mögen, der Unterschied des Gedachten von uns Denkenden bleibt bestehen; damit erhält jenes aber eine Bestimmtheit, die verschiedene Momente in sich begreift. Nur ein Quale kann deshalb gedacht werden; sucht man reine Identität zu denken, so ist dies so viel, als ob man nichts denkt. Dies ist auch der Grund, weshalb die reine Identität bei Fichte und besonders bei Erigena als das reine Nichts erscheint, letzterer definierte ja ausdrücklich: „Deus propter superessentialitatem suae naturae nihil dicitur." Offenbar konnten unsere Philosophen z. T. selbst sich dem Gedanken nicht entziehen, dass ihr Absolutes in Wahrheit undenkbar, ein caput mortuum der Abstraktion, ein blosser Name und ohne allen Gedankeninhalt sei. Um also überhaupt denkbar zu sein, darf Gott nicht reine Identität, sondern muss ein Quale sein, und seine Grundqualität wird seine Absolutheit sein, die unmittelbar damit gesetzt ist, dass das Absolute sich von einem anderen, das es nicht ist, also von einem Nichtabsoluten unterscheidet. Gegen diese

Fassung des Absoluten als eines Quale, hat Fichte mit grossem Nachdruck den Einwand gerichtet, und auch Erigena erhebt ihn von den seiner Spekulation zu Grunde liegenden neuplatonischen Voraussetzungen aus, dass der hierzu notwendige Unterschied des Absoluten von einem anderen ihm den Charakter der Negation verleihe, ihn zu einem Relativen mache, oder dass, wenn die Welt dem göttlichen Wesen als ein anderes, von ihm Verschiedenes gegenüberstünde, Gott an ihr seine Schranke haben würde, also nicht absolut sei. Von dem Interesse beherrscht, die Unendlichkeit des göttlichen Seins zu wahren, wollen sie es keinem anderen gegenübergestellt wissen; aber sie berücksichtigen nicht, dass sie hierdurch seine Absolutheit aufheben oder doch wenigstens verkümmern. Denn steht es keinem anderen gegenüber, so ist es dem Nichts entgegengesetzt, und im Verhältnis zu diesem ist es absolut. Aber dem Nichts gegenüber will die Absolutheit nicht viel besagen, auch das Unvollkommene, Endliche ist in diesem Falle absolut; und so sehen wir denn, dass Fichte und Erigena durch ihre Weigerung, das göttliche Sein zu einem anderen in Beziehung zu setzen, nicht, wie sie bezwecken, dessen Absolutheit sicher stellen, sondern sie vielmehr in Frage ziehen. Nun gilt es noch positiv nachzuweisen, dass die Gegenüberstellung Gottes und der Welt als eines anderen dessen Unendlichkeit nicht beeinträchtigt. Gewiss werden wir zugeben müssen, dass, wer immer das Verhältnis zwischen Gott und Welt in der Weise des Deismus sich vorstellt, jenen über die Welt und aus der Welt herausstellt, die Absolutheit Gottes aufhebt; und so ist an dem Einwande unserer Philosophen das Wahre, dass die In-Beziehung-Setzung Gottes zur Welt als einem anderen dessen Unendlichkeit gefährden kann, aber sie braucht es nicht, wenn der Begriff der Welt recht gefasst wird. Die Welt ist von Gott geschaffen, von ihm schlechthin abhängig, von ihm getragen und umspannt; sie ist nicht ein zweites Absolutes neben Gott, sondern ganz durch ihn bedingt, ihr Sein deshalb nur relatives Sein. Als solches ist sie ihrem inneren Wesen nach nur Beziehung zu Gott und deshalb Bewegung zu ihm hin, damit Bewegung über sich selbst hinaus, werdende Einigung mit Gott. An dem Sichselbstaufhebenden und in Einigung mit Gott Übergehenden kann aber Gott keine Grenze haben, steht es ihm doch nicht fremd und äusserlich gegenüber, sondern ist in seiner sich aufhebenden Unterschiedenheit zugleich mit ihm geeinigt. Der von Erigena und Fichte erhobene Einwand ist somit hinfällig; das berechtigte Moment in ihm aber, die Unbegrenztheit Gottes, seine Immanenz in dem Endlichen über seine Transscendenz nicht zu vergessen, in unserer Fassung des Verhältnisses zwischen Gott und Welt berücksichtigt. Denn nach ihr fallen beide nicht dualistisch auseinander, die Welt steht vielmehr in Einigung mit Gott. Nur ist diese Einigung keine pantheistische Identität wie bei Fichte und Erigena, die endlichen Intelligenzen sind nicht an und für sich göttlicher Natur, Modi des göttlichen Seins, sondern die Einigung ist eine angestrebte, durch sittliche Arbeit sich verwirklichende, so dass das Göttliche nicht unmittelbar rein als solches in der Welt erscheint, vielmehr nur als Zweck sich ausprägt und das Ziel der weltlichen Entwicklung ist. Wir ziehen das Ergebnis: Fichtes und Erigenas Anschauungen über das Wesen des Absoluten als des reinen identischen Seins sind abzuweisen; Gott muss ein Quale sein und kann es sein, ohne dass er dadurch in die Endlichkeit herabgezogen würde.

Infolge ihrer abstrakten Fassung Gottes als der absoluten unterschieds- und gegensatzlosen Identität sehen sich Fichte und Erigena genötigt, ihm das Selbstbewusstsein und den freien Willen, kurz die Persönlichkeit abzusprechen, für uns, die wir die Undenkbarkeit des Absoluten als des reinen Seins erkannt und es als ein Quale zu bestimmen uns genötigt sahen, fällt der Grund, der für die Bewusstlosigkeit Gottes angegeben wird — Deus nescit se, quia non est quid — dahin, und wir können daher dem Absoluten Persönlichkeit zusprechen; ja wir müssen es sogar, wie folgende Erwägungen zeigen. Bewusstsein und Wille sind, was niemand bezweifeln sollte, etwas Höheres als die blosse Substanz, das blosse objektive Sein; deshalb erblicken wir ja in dem Menschen, dem jene eignen, das Ziel und die Krone der Schöpfung, deshalb regt sich in diesem ein Selbstgefühl, das gegen die Wegwerfung an die Natur protestiert. Wenn nun dem Absoluten Bewusstsein und Wille fehlten, dann würde es den endlichen Individuen nachstehen und von ihnen übertroffen werden, dann würde es mit anderen Worten nicht absolut sein. Und weiter, nach Erigena und Fichte tritt in den endlichen Subjekten mit dem Bewusstsein und freien Willen etwas zu Tage, was dem Urgrunde völlig fehlt; und doch ist es ein unbestreitbares Axiom, da in jenem begründet und enthalten sein muss, was in dem Abgeleiteten zum Vorschein kommt. Denn die Ursache muss der Wirkung entsprechen, in der Ursache muss irgendwie begründet sein, was in der Wirkung offenbar wird. Niemals kann in einer Wirkung etwas erscheinen, was nicht in der Ursache angelegt ist, und dies muss ohne Einschränkung da gelten, wo eine Wirkung nicht aus mehreren zusammenwirkenden Teilursachen, sondern nur aus einer einzigen, der absoluten Ursache, erklärt werden kann. Sollen wir daher auf der via causalitatis aufwärts steigend in dem Absoluten den zureichenden Grund für alles Endliche sehen, auch den zureichenden Grund für das menschliche Geistesleben, so müssen wir es notgedrungen als Subjekt fassen, von ihm Bewusstsein und freien Willen prädizieren. Ich erinnere noch an das schöne Bibelwort: „Der das Ohr gepflanzt hat, sollte der nicht hören, der das Auge gemacht hat, sollte der nicht sehen?" (Ps. 94, 9). Erigena und Fichte haben erkannt, dass der endliche Geist nicht aus dem Materiellen entstanden sein könne, und die Beweise des letzteren für diese Erkenntnis sind unwiderleglich; aber sie haben nicht erkannt, dass er auch nicht aus dem noch so übersinnlich gedachten Bewusstlosen entsprungen sein könne. Ihr Philosophem: die Form des Bewusstseins sei die Form der Endlichkeit, oder mit anderen Worten, das Bewusstsein werde nur durch Zurückweisung eines Nicht-Ich, setze also ein anderes und dessen Einwirkung auf ein leidendes Ich voraus, dieses müsse, um Selbstbewusstsein zu haben, bedingt und beschränkt sein, ist unhaltbar. Das Selbstbewusstsein wird uns nicht von aussen gegeben, nicht durch die Einwirkungen der Aussenwelt in uns erzeugt, es ist vielmehr das ursprüngliche Werk des Geistes selbst und dieses allein, seine prometheische That. Nicht das Weltbewusstsein erzeugt das Selbstbewusstsein, sondern jenes wird im Gegenteil erst durch dieses ermöglicht. Nur der sich selber Erkennende erkennt anderes, nur weil das Ich an sich schon seiner Realität gewiss ist, stellt es sich auch in Gegensatz zum Nicht-Ich*). Eine Anregung unseres Selbstbewusstseins findet nun freilich durch die vielen und mannigfach verschiedenen Einwirkungen der uns umgebenden Welt statt; und es kann auch nicht in Abrede gestellt werden, dass die menschliche Persönlichkeit sich an der ihr gegenüberstehenden Welt weiter ausbildet und kräftigt. Jedoch wäre es verkehrt, diese Gebundenheit an ein anderes, wie sie das endliche Bewusstsein zu seiner Ausbildung und fortge-

---

*) Vergleiche Lotzes Ausführungen, „dass alles Selbstbewusstsein auf dem Grunde eines unmittelbaren Selbstgefühls ruht, welches auf keine Weise aus dem Gewahrwerden eines Gegensatzes gegen die Aussenwelt entstehen kann, sondern seinerseits die Ursache davon ist, dass dieser Gegensatz als ein beispielloser, keinem andern Unterschiede zweier Objekte vergleichbarer empfunden werden kann" (Mikrokosmus III, 567.)

setzten Bethätigung bedarf, auch auf das absolute Bewusstsein auszudehnen. Eine solche Übertragung der Bedingung endlicher Persönlichkeit auf die unendliche ist verkehrt, da sie den Unterschied zwischen beiden vergisst. Nur die endliche Persönlichkeit, welche die Bedingungen ihrer Existenz nicht in sich hat, entwickelt sich durch die beschränkende Bestimmtheit gegen anderes; die absolute Persönlichkeit dagegen, die durch sich selbst ist, was sie ist, bedarf keines ihr gegenüberstehenden anderen. Deshalb können wir die Behauptung: die Endlichkeit des Endlichen bilde eine erzeugende Bedingung des persönlichen Seins umkehren und sagen: die Persönlichkeit wird durch die ihr gegenüberstehende Welt beengt und in der vollen Ausbildung ihres inneren Wesens gehindert. Gewiss fördert, wie wir sahen, die objektive Welt bis zu einem gewissen Grade die Entfaltung der endlichen Persönlichkeit und spornt ihre Thätigkeit an, so dass diese sich approximativ der Verwirklichung ihrer Idee nähern kann. Aber sich vollkommen und absolut auszubilden, ihr Ideal zu erreichen, vermag sie eben wegen der objektiven Welt nicht; dieselbe, welche ein Förderungsmittel ihrer teilweisen Ausbildung bildet, ist zugleich ein Hindernis ihrer absoluten Entwicklung. Infolge der gegenüberstehenden Welt kann unsere Persönlichkeit sich nicht selbständig entfalten, ihr Selbstbewusstsein und ihre Selbstbestimmung nicht frei von jedem äusseren Faktor ausgestalten und wird deshalb nie vollkommen. Sie weist hierdurch aber über sich hinaus auf eine Persönlichkeit hin, welche solche Schranken nicht kennt, welche unabhängig von der Welt sich entfaltet und ohne durch äussere Einflüsse bestimmt zu sein, fort und fort thätig ist.

Aber auch gewisse Gedankenreihen in den Systemen beider Philosophen harmonieren nicht mit der abstrakten Fassung des Absoluten als der reinen Identität, sondern führen folgerichtig weiter gedacht zu dem Schlusse: das

Absolute hat Selbstbewusstsein ist persönlich. Erigena hat aus dem Studium der Neuplatoniker die antike griechische optimistisch-ästhetische Ansicht von der Schönheit und Vollkommenheit der Welt, von dem harmonischen Aufbau des Kosmos geschöpft und im Gegensatze zu der alle Herrlichkeit des Irdischen verneinenden dualistischen Anschauung des Mittelalters festgehalten (V, 36). Das Böse ist ihm ein $μὴ$ $ὄν$, die Welt eine entzückende Symphonie, in welcher die verschiedenen irdischen Faktoren als Partialtöne harmonisch zusammenklingen. Wie Plotin im Gegensatze zu der Geringschätzung der Welt seitens der Gnostiker diese in echt hellenischer Weise als das sichtbare Abbild der unsichtbaren Götter betrachtet und ihr deshalb hohen Wert zuspricht, so sucht auch Erigena im All, das sich schöner gar nicht denken lässt, den deutlichen Ausdruck der unendlichen Weisheit. Auch Fichte vertritt diese Idee von der Schönheit der Welt, indem er ihr, seinem ethischen Charakter entsprechend, die Wendung zum sittlich Schönen, zum Guten, giebt. In der Welt realisiert sich fort und fort ein heiliges Gesetz, stellt sich dar eine moralische Weltordnung, welche über den widerstrebenden individuellen Willen übergreift, die Ausbreitung und Herrschaft des Schlechten hindert, die des Guten fördert und verwirklicht. Beide Denker lassen ein Gesetz sich in der Welt unausgesetzt realisieren, das Dasein ist durch dasselbe bestimmt und erhält durch es seinen Wert. Da nun das Dasein die Auslebung und die Darstellung des Absoluten ist, muss dieses die Entfaltung des Absoluten bestimmende Gesetz in diesem selbst seinen zureichenden Grund haben, es muss wegen seines besonderen Wertes von dem Absoluten seiner Entwicklung zur Norm und zum Ziele gesetzt sein. Dies ist jedoch unmöglich, wenn das Absolute unbewusst ist, da ein Unbewusstes keine Wertvorstellung zum Inhalte haben und nach ihr sein Dasein nicht bestimmen kann. Fichte und Erigena hätten also im Hinblick auf ihre teleogische Betrachtung des Daseins vom Absoluten Intelligenz und zwecksetzenden Willen nicht negieren dürfen.

Auch schon um im Einklange mit den Aussagen des religiösen Bewusstseins zu bleiben, das nur zu einem persönlichen Gotte vertrauensvoll aufblicken und beten, ihm sich hingeben und anvertrauen kann und sich deshalb um keinen Preis die Persönlichkeit Gottes rauben lassen will, müssen wir vom Absoluten Selbstbewusstsein prädizieren; und unzweifelhaft ist es ein Mangel in den Systemen Fichtes und Erigenas, dass beide Philosophen die Aussagen des religiösen Bewusstseins nicht hinreichend gewürdigt haben. „Die Sehnsucht des Gemüts", schreibt Lotze in seinem Mikrokosmus (III, 563) „das Höchste, was ihm zu ahnen gestattet ist, als Wirklichkeit zu fassen, kann keine andere Gestalt seines Daseins als die der Persönlichkeit genügen oder nur in Frage kommen. So sehr ist sie davon überzeugt, dass lebendige, sich selbst besitzende und geniessende Ichheit die unabweisliche Vorbedingung und einzig mögliche Heimat alles Guten und aller Güter ist, so sehr von stiller Geringschätzung gegen alles anscheinend leblose Dasein erfüllt, dass wir stets die beginnenden Religionen in ihren mythenbildenden Anfängen beschäftigt finden, die natürliche Wirklichkeit zur geistigen zu verklären, nie hat sie dagegen ein Bedürfnis empfunden, geistige Lebendigkeit auf blinde Realität als festeren Grund zurückzudeuten. Von diesem richtigen Wege lenkte erst die fortschreitende Ausbildung des Nachdenkens eine Zeit lang ab." Diese Ablenkung führte in Erigena und Fichte zu den Versuchen, in der Vorstellung eines reinen einfachen Seins eine genügendere Art der Existenz für das Höchste zu suchen und die Form des persönlichen Seins dem Absoluten zu versagen; aber die weiterschreitende, sich selbst korrigierende Spekulation rechtfertigt wieder die Ahnungen des Gemüts und erhebt sie zu einer gewissen Erkenntnis, indem sie die gegen die Annahme eines persönlichen

Gottes erhobenen Bedenken widerlegt. Dass Fichtes und Erigenas Bestreitung des Fürsichselbstseins in Gott nicht stichhaltig ist und ihr oberster methaphysischer Begriff einseitig geprägt ist, hat die obige Betrachtung ergeben. Fichte und Erigena versagen nun freilich dem Absoluten das Prädikat der Persönlichkeit, doch huldigen sie deshalb noch keinem substanziellen Pantheismus, der in der Objektivität befangen, das reine Sein unmittelbar in der Mannigfaltigkeit der gegebenen Dinge sich ausleben lässt. Sie sind beide bestrebt, das Absolute doch nicht bloss als Substanz, wie etwa Spinoza that, aufzufassen, sondern es in den Begriff des Subjekts hinüberzuführen, es in irgend einer Weise auch als Subjekt zu betrachten und damit den Übergang und Fortschritt vom Sein zum Denken zu vollziehen. Die Art jedoch, wie beide Philosophen diesen Fortschritt erfolgen lassen, ist charakteristisch und ihnen spezifisch eigen; das Denken wird dem Sein rein äusserlich und unvermittelt gegenübergestellt, nicht aber genetisch aus diesem abgeleitet. Weil das Sein auch zur Erscheinung werden muss, die Erscheinung aber nur für ein Denkendes sein kann, wird das Denken gesetzt, ohne aus dem Wesen des Absoluten begriffen zu werden. Wohl sagt Fichte: das Wissen sei die unmittelbare Folge des Absoluten; aber daneben hören wir auch: das Absolute sei nicht der erzeugende Grund des Wissens, und Erigena giebt uns über das nähere Verhältnis vom Sein zum Denken gar keine Auskunft. I, 10, wo er es hätte thun sollen, lässt er die intellectualis creatura mirabili modo neben der divina essentia bestehen. Eine Verknüpfung von Sein und Denken ist auf Fichtischem Standpunkte, weil auf ihm das genetische Prinzip nur innerhalb der Erscheinungen angewendet werden kann, überhaupt unmöglich. Nach der Bewusstseinsanalyse des Wissenschaftslehrers kann das Denken nie thätig sein, ohne sich selbst zu finden und vorauszusetzen, und dieses Sichselbstfinden ist von seinem Wesen unabtrennlich. Infolge dieser Gebundenheit des Denkens aber an dieses sein Denken ist ihm alle Möglichkeit genommen, über dasselbe hinauszugehen und sich jenseits desselben noch zu begreifen und abzuleiten. Allenthalben, wo es ist, findet es sich schon vor und zwar als auf eine gewisse Weise bestimmt vor, die es nehmen muss, so wie sie sich ihm giebt, deren Entstehung es aber nicht zu ergründen vermag. Ohne sich somit selbst aus dem Sein ableiten zu können, weist das Denken nur auf dieses zurück als seinen Urgrund und seine Bedingung, gleichwie ein Bild auf ein ihm entsprechendes Original hindeutet. Während so Fichte auf Grund seiner Bewusstseinsanalyse auf eine innere Verknüpfung von Sein und Denken verzichten musste, war Erigena noch zu sehr im Neuplatonismus und seiner abstrakten Spekulation befangen, als dass er eine begriffliche Vermittelung zwischen dem überseienden Sein und dem Geiste gefunden hätte. Hatte er nämlich einmal die Plotinische Ansicht, dass das Urwesen über alles Sein und Erkennen hinausliege, jeder Veränderung unfähig sei und, wiewohl Prinzip alles Endlichen, doch in seiner schlechthinnigen Selbstgenügsamkeit dieses seines Prinzipiats in keiner Weise zur Vollständigkeit seines Seins bedürfe, angenommen, so war ihm damit schon die Möglichkeit entzogen, das Denken in dem Wesen des Absoluten selbst begründet sein zu lassen.*) Diese mangelhafte Verbindung des Seins mit dem Denken hat nun schwere Folgen und verstrickt Fichte und Erigena in Widersprüche. Aus dem Satze, dass das Sein nur als Denken dasein könne, folgert Fichte, dass dieses jenes voll-

---

*) Auch die Neuplatoniker vermochten nicht den $νοῦς$ aus dem Wesen des Ersten abzuleiten, daher sie das Verhältnis beider zu einander nicht mit klaren Worten beschrieben, sondern nur durch mannigfache Bilder zu illustrieren versuchten.

ständig erkennen und erfassen könne, der Geist also vom Absoluten eine adäquate Erkenntnis habe; aus dem Satze hinwieder, dass das Denken nicht aus dem Wesen des Seins begriffen werden könne, dass es seinerseits das Prinzip des Endlichen sei, das göttliche Leben in ein ruhendes Sein verwandle und im Reflectionsakte sich notwendig spalte, dass der Geist vom Absoluten nur eine inadäquate Erkenntnis habe. Ähnlich liegt die Sache bei Erigena; bald wird die neuplatonische Transscendenz Gottes festgehalten und dieser zu einem unerkennbaren Jenseitigen gemacht, bald wird das Denken sich seiner Macht bewusst, sucht absolute Bedeutung zu gewinnen und will kein ihm verschlossenes Sein anerkennen. Die Begreiflichkeit und Unbegreiflichkeit Gottes sind also bei beiden Philosophen auf analoge Weise im Streite mit einander. Hören wir, was Baur in seiner christlichen Lehre von der Dreieinigkeit III, 695 über diesen Punkt schreibt: „Wie Erigena vom Platonismus aus von der Voraussetzung der absoluten Unerkennbarkeit Gottes sich nicht trennen konnte, so konnte Fichte auch auf seinem späteren Standpunkte die Hauptsätze des Kantischen Idealismus nicht ganz fallen lassen, dass eine Erkenntnis des Ansich oder Absoluten für den Menschen ewig unmöglich sei, dass wir nur von unserem Wissen wissen, nur von diesem als dem unsrigen ausgehen und nur in demselben verbleiben können. Auf der anderen Seite sollte nun aber doch das Wesen Gottes kein verborgenes, sondern ein offenbares, für das Bewusstsein aufgeschlossenes sein. Darum entspricht nach beiden, nach Fichte und Erigena, dem absoluten Sein Gottes das absolute Wissen Gottes. Es giebt also nicht bloss ein absolutes Sein, sondern auch ein absolutes Wissen, oder Gott ist der Absolute auch für das Bewusstsein; indem nun aber bei diesem Übergange von dem Sein zum Bewusstsein ohne weitere Begründung in das Bewusstsein unmittelbar auch die Bestimmung des Endlichen gesetzt wird, bleibt beides unvermittelt neben einander stehen, die Unbegreiflichkeit und Begreiflichkeit Gottes". Soll dieser Widerspruch in beiden Systemen gehoben werden, so muss zwischen Sein und Denken eine begriffliche Vermittlung hergestellt werden, das Absolute selbst als der erzeugende Grund des Denkens, als Geist, als Subjekt gefasst werden. Fichtes Nachfolger, Schelling und Baader, Hegel und Krause, haben zu diesem metaphysischen Probleme Stellung genommen und ein jeder in seiner Weise aus dem Wesen des Absoluten das Wissen zu begründen versucht, während bei dem geringen Verständnis, welches Erigenas Spekulation bei seinen Zeitgenossen fand, diese Lücke des Systems keinen ergänzenden philosophischen Ausbau erfuhr.

Die Aufstellung des absoluten reinen Seins als des allein Seienden und der Umstand, dass diesem Sein als einziges Attribut das Denken zugesprochen wird, erzeugt in beiden Systemen einen idealistischen Pantheismus, in dem die Grösse des Unterschieds zwischen Unendlichem und Endlichem, zwischen Göttlichem und Menschlichem verborgen bleibt oder doch zu einem verschwindenden Moment zusammenschrumpft, weil er keinen objektiven, im Wesen des Absoluten selbst begründeten Grund hat. Die Differenz zwischen Göttlichem und Menschlichem fällt nach Fichte wie nach Erigena nur der subjektiven unvollkommenen Betrachtung anheim, besteht nicht an sich und unabhängig vom Intellekt, kann es doch neben Gott, dem absoluten Sein, nichts zweites geben. Zwar zeugen unsere Sinne von Objekten, aber ihre Realität ist blosser Schein und Einbildung; in Wahrheit sind sie der Widerschein des göttlichen Seins im Spiegel der Reflexion, Reflexe des Absoluten, das auch unser Wesen ausmacht, wenn man von dem Scheine der Accidenzen abstrahiert. Gott und Welt sind eins. Deshalb lässt sich Fichte im pantheistischen Sinne vernehmen: „Nur das Sein ist, keineswegs ist aber noch etwas anderes" und im idealistischen Sinne: „Der Begriff ist der eigentliche Weltschöpfer."

Erigena hinwieder lässt der neuplatonischen Alleinheitslehre folgend auf der einen Seite „Deum et creaturam unum et id ipsum" sein, und auf der anderen verflüchtigt er idealistisch die Wirklichkeit der Welt und erblickt in den Erscheinungen nur Bilder und Schatten des Einen, dessen eine Manifestation das betrachtende Subjekt selbst ist. Natürlich aber tritt in dem Systeme Erigenas der Idealismus noch nicht so deutlich und so gewiss hervor, wie im Fichtischen Systeme; auch macht er nicht wie in diesem den Anspruch, allein die Welt recht zu verstehen. Es liegt in der Natur der Sache, dass ein Philosoph des neunten Jahrhunderts sich der Tragweite seiner idealistischen Grundgedanken nicht so bestimmt bewusst sein konnte und ihre Konsequenzen nach allen Seiten hin nicht so folgerecht zu ziehen vermochte als ein Philosoph des neunzehnten Jahrhunderts.

Diesem idealistischen Pantheismus ist entgegenzuhalten, dass sich Gott und die intelligible Welt unmöglich wie Sein und Dasein, Wesen und Erscheinung verhalten können, und dass die Behauptung, Gott habe kein Dasein, kein Leben, keine Wirklichkeit ausser in der intelligiblen Welt und diese gehe in der Erscheinung Gottes auf, den schwerwiegendsten Bedenken unterliegt. Denn dieses von Fichte und Erigena statuierte Verhältnis bringt Gott in Abhängigkeit von der Welt, verbietet ihm an und für sich Wirklichkeit zuzusprechen; er hat solche nur im Wissen, in den einzelnen Ichen, also im Bedingten und Endlichen. Ist es nun vorstellbar, dass das Absolute seine Wirklichkeit im Bedingten, seine Unendlichkeit im Endlichen haben könne? Muss es dieselbe nicht, falls es seinen Namen nicht zu Unrecht führen will, in sich selbst besitzen abgesehen und unabhängig von vergänglichen endlichen Wesen? Und fühlen diese sich als notwendige Momente des göttlichen Daseins, sind die einzelnen Iche der Überzeugung, dass sie ὄντοί oder ϑεῖοι seien? Wir müssen diese Frage verneinen, denn dass die Mehrzahl der endlichen Subjekte diese Gewissheit nicht hat, ist offenkundig; und selbst die wenigen, welche diese Gewissheit zu haben meinten, können sie auch stets nur für kürzere Zeit festhalten; das Hochgefühl, eins mit Gott zu sein und sein Leben zu leben, verfliegt schnell wieder, wo es einmal aufgetaucht ist, und war nie ein dauernder Besitz, wie die Geschichte der Mystik zeigt. Die Stimmung der Verlassenheit und das Gefühl der Gottesferne peinigt auch die Pantheisten und lässt sie schmerzlich ihre Unvollkommenheit empfinden. Und doch könnte im subjektiven Geiste, wäre er, wie Erigena und Fichte wollen, ein Moment des Daseins des göttlichen Wesens, nur das selige Gefühl der Befriedigung und des Ausruhens in Gott oder als Gott herrschen und das quälende Bewusstsein der Gottentfremdung, das sehnsüchtige Verlangen nach Erlösung gar nicht entstehen. Die Thatsache der Selbstverurteilung, welche der aufrichtige Mensch vollzieht, und sein Sehnen nach einem Transscendenten steht im schroffsten Widerspruche zum idealistischen Pantheismus, dem Religion nur die Selbstanbetung des Intellekts bedeutet, und in dem der Mensch vor sich selbst, vor seinem Geiste, zu dem sich das Absolute aufgeschlossen hat, betend niederfällt. Dem widerspricht nicht, dass ich oben die Philosophie Fichtes als eine von einem warmen religiösen Hauch durchwehte charakterisiert habe. Denn da Fichte noch einen Unterschied zwischen dem Göttlichen und Menschlichen kennt, ist es auch nur der Unterschied der aufgeworfenen Meereswelle vom Ocean, so ist eine Anbetung Gottes, die nicht Selbstanbetung ist, immerhin noch möglich, und religiöses Empfinden braucht auch dem Pantheisten nicht zu fehlen, da ein Irrtum in der Erkenntnis nicht immer die Innigkeit des religiösen Lebens verschüttet. Folgerichtig aber weiter gedacht, stehen die Gedanken Fichtes und Erigenas im vollsten Widerspruche zur Religion, daher es erklärlich ist, dass beide dem Vorwurfe des Atheismus nicht entgangen sind. Nur insofern überhaupt der Grundgedanke Fichtes und Erigenas: der endliche Geist ist das Sichausleben des Unendlichen, die Ichheit ist das Dasein Gottes, durchkreuzt wird von dem anderen: die Ausgestaltung des Absoluten ist Ziel und Endzweck des Lebens, erhält die Religion eine problematische Existenz; tritt der erste Gedanke stark hervor, dann wird ihr jeder Grund, in dem sie wurzeln könnte, entzogen, dann erscheint das religiöse Empfinden und Sehnen als ein unbegreifliches Phänomen. Die Religion ist aber die höchste Erscheinung und wichtigste Thatsache im ganzen Bereiche des menschlichen Lebens, sie erfasst den ganzen Menschen. Nicht nur diese oder jene Geisteskraft ist ihre heimatliche Provinz, sie wurzelt in des Menschen innerstem Lebenszentrum, in der ursprünglichen Einheit seines Wesens, in welcher Erkennen, Fühlen und Wollen eins sind. Daher sind ihre Einflüsse auch so tiefgreifend und ihre Wirkungen so wichtig für das Leben und die Entwicklung der Menschheit. Eine philosophische Weltanschauung aber, welcher eine so bedeutsame Erscheinung unverständlich bleibt, welche dem thatsächlich gegebenen religiösen Bewusstsein widerspricht, kann unmöglich eine befriedigende und genügende Lösung des Welträtsels sein.

Aber auch der Begriff des Seins, wie ihn Fichte und Erigena in gleicher Weise geprägt haben, verbietet, endliche Intelligenzen als Momente der Äusserung des Seins zu betrachten. Nach ihm ist das absolute Sein in sich geschlossen und vollendet, absolut unwandelbar, schlechthin jenseits alles Werdens; indessen offenbart es sich von Ewigkeit, und seine Äusserung ist sein Bild, das Wissen, der Logos, die intelligible Welt, nicht es selbst. Strahlt es aber sein Bild von sich aus, offenbart es sich in einem anderen, so geht es unzweifelhaft in seine Äusserung oder Erscheinung über. Dieses Übergehen aus dem Sein in das Anderssein ist aber der Begriff des Werdens, der Veränderung. Das absolute Sein ist also, falls das Wissen sein Dasein ist, im Widerspruche zu der gegebenen Definition nicht unwandelbar, nicht jenseits alles Werdens, sondern im Gegenteile dem Wechsel unterworfen. Der idealistische Pantheismus des Systems harmoniert also nicht mit der Definition des Absoluten als der wandellosen Identität. Freilich ist noch ein anderer Schluss möglich, wir können — uns in das asylum ignorantiae flüchtend — folgern, es bleibe schlechthin unbegreiflich, wie zu dem unwandelbaren reinen Sein sein Bild, das Wissen hinzukomme, und diese Folgerung würde dem Gedankengange Fichtes und Erigenas entsprechen. Aber gewinnen wir etwas durch diesen Schluss? Während der erste uns einen Widerspruch in den Systemen zeigt, verdeckt der zweite diesen Widerspruch mit dem Schleier der Unbegreiflichkeit und Unerkennbarkeit!

Infolge ihres idealistischen Pantheismus sehen sich Fichte und Erigena genötigt, die Notwendigkeit eines Erlösers und Mittlers zu verneinen und dem subjektiven Geiste selbst die Macht und die Kraft sich zu erlösen zuzusprechen, ist doch die Differenz zwischen Göttlichem und Menschlichem, die zu heben ist, eine bloss nominelle, phänomenologische. Sodann wird von beiden Philosophen der Religionsinhalt in Begriffsvorstellungen aufgelöst und die Erlösung in die Sphäre des Intellekts hinübergespielt, ja von Erigena so stark, dass die ethische Seite der Erlösung fast ganz in den Hintergrund tritt und wir in seinem Systeme von der Notwendigkeit eines sittlich-praktischen Lebens, eines untadeligen Wandels zur Erlangung des Heils fast gar nichts hören. Wo er den Konsequenzen seiner Prinzipien folgt und durch das kirchliche Dogma sich nicht beirren lässt, setzt er die Erlösung ausschliesslich in selbstthätiges Erkennen und spekulatives Wissen, in die altior rerum spekulatio; virtute contemplationis wird der Zwiespalt zwischen Gott und Menschen gehoben. Fichtes ethischer Geist verirrt sich freilich nicht so weit wie Erigena in die Verwechslung der Religion und Sittlichkeit mit der Metaphysik, er verlangt sittliches Handeln; aber doch spiegelt sich auch in seinen ethischen Ausführungen der idealistische Pantheismus seiner theoretischen Philosophie notgedrungen wieder. Die Versöhnung zwischen Gott und Mensch erblickt er hauptsächlich in der Vernichtung des Kreatürlichen und Individuellen als des von Gott Trennenden und in der mystischen Versenkung in das All-Eine. Das Menschliche soll nicht durch Brechung des egoistischen Willens zu Gott positiv erhoben und so mit ihm geeint werden, dass es neben diesem zwar seine Selbständigkeit bewahrt, mit ihm aber harmonisch übereinstimmt, sondern in den Abgrund des Einen sich stürzen und das eigene Selbst aufgeben. Ein ungesunder Quietismus ist die notwendige Folge der Prinzipien Fichtes und Erigenas. Es rächt sich hier, dass der Wert und die Bedeutung des Menschlichen nicht anerkannt ist, dass es nur ein verschwindendes Moment neben dem Absoluten bildet und nur eine Phänomenalexistenz erhalten hat.

Der idealistische Pantheismus Fichtes und Erigenas kann ferner das Böse nicht erklären oder, da er es als blossen Schein ansieht, nicht darthun, wie der Mensch überhaupt dazu kommt, Werturteile wie gut und böse zu bilden und das Seelenleben sittlich zu beurteilen. Gerade der religiös Gerichtete verfährt besonders streng in dieser Beziehung und legt mit peinlicher Gewissenhaftigkeit den sittlichen Massstab an all- sein Handeln und Thun. Nach Fichte und Erigena erfasst sich aber auf dem Standpunkte der Religion der Mensch als Modus des göttlichen Daseins; er müsste dann auch die Notwendigkeit, die in ihm als einem Modus waltet, erkennen, und unbegreiflich bliebe es, weshalb er seine Handlungen nicht unter dem Gesichtspunkte des Notwendigen, sondern dem des Guten und des Bösen betrachtet. Sodann erheben Herz und Gemüt Einspruch gegen die pantheistische Idealisierung der Endlichkeit und gegen die

Ignorierung ihres Stachels, und der nüchterne Verstand stimmt ihnen bei. Schwerlich wird jemand, der ein offenes Auge für die Verheerungen hat, welche die Sünde unter dem Menschengeschlechte anrichtet, den Worten Erigenas beipflichten: „quod malum dicitur, non omnino laude caret." Die pantheistische Weltanschauung ist eine ästhetische, keine ethische; so gewiss aber das Sittliche den Gesetzen des Schönen nicht geopfert werden darf und beanspruchen kann, in einer Philosophie, welche das Welträtsel lösen will, eine genügende Berücksichtigung zu finden, so gewiss ist der ausschliesslich das ästhetische Interesse befriedigende und das ethische Interesse ganz vernachlässigende Pantheismus abzulehnen.

Der Grundfehler der Spekulation Fichtes und Erigenas ist, dass beide Denker es vorzogen, statt des kosmoanthropozentrischen Standpunktes den für uns transscendenten theozentrischen zum Ausgangspunkte ihres Denkens zu wählen. Der natürliche und richtige Weg zur Erkenntnis ist, dass man von dem Gegebenen als dem Bekannten und unmittelbar Erfahrbaren aufsteigt zu dem erst zu Erforschenden, dem Begriffe des Urgrundes, dass man die erkennbare Wirklichkeit der Welt als festes Datum für die Erkenntnis des Absoluten gelten lässt. Denn von der Beschaffenheit der Folge ist ein Rückschluss auf das Wesen der ihr entsprechenden Ursache überall anwendbar und in jeder Erkenntnissphäre berechtigt; und je tiefer und umfassender eine Wirkung erkannt ist, desto sicherer kann auf das Wesen ihrer Ursache zurückgeschlossen werden. Jeder metaphysischen Untersuchung über das Absolute muss daher eine eindringende Betrachtung des Gegebenen vorangehen, und erst auf Grund der Erkenntnis des thatsächlich Vorhandenen kann dann die Spekulation aufsteigen und das metaphysische Problem zu lösen versuchen. Aber diesen analytischen Erkenntnisweg einzuschlagen und dem regressus a principiatis ad principia zu folgen versäumten

Fichte und Erigena; jener nahm wie die Neuplatoniker in der Idee des über alle Verhältnisse hinausliegenden Seins seinen Ausgangspunkt und ging von hier progressiv zur Erklärung des Thatsächlichen über, dieser machte das reine Sein zum Archimedespunkte seiner Philosophie und suchte von ihm aus eine Erkenntnis der Welt zu gewinnen. Aber unter dem Eindrucke der Überschwenglichkeit des absoluten Seins konnten sie keinen Raum für irgend ein Sein ausser dem Absoluten finden und wussten die Welt nur als dessen Dasein zu bezeichnen und ihre Entwicklung als einen theogonischen Prozess zu deuten. So hatte der falsche Erkenntnisweg ein falsches Ergebnis zur unmittelbaren Folge.

Lehne ich nun auch die oben dargestellten Systeme als solche ab, so verkenne ich doch nicht die wahren Gedanken in ihnen, die ich darin erblicke, dass beide Denker die dualistische Weltanschauung, an deren Überwindung die alte griechische Philosophie gescheitert ist, und die auch unter den christlichen Völkern noch über ein Jahrtausend nachwirkte, spekulativ zu überwinden und durch eine monistische zu ersetzen suchten. Es ist ein Verdienst beider Männer, dass sie gegen eine deistische Verkümmerung des Gottesbegriffes Verwahrung einlegten und die Transscendenz Gottes durch seine Immanenz ergänzten, dass sie in der Welt, in ihrem Leben und ihrer Entwicklung Gott suchten, ihn nicht als ein spröd verschlossenes ausserweltliches Wesen in Siriusfernen setzten. Denn ein supra- und extramundaner Gott, der von der Welt geschieden ist und in abstrakter Erhabenheit jenseits des Endlichen steht, befriedigt nicht das religiöse Gemüt, noch genügt er dem Verstande. Nur sind Fichte und Erigena in der Betonung des berechtigten Momentes der Immanenz Gottes zu weit gegangen, das Pendel der philosophischen Entwicklung schlug in ihnen — bildlich zu reden — infolge des grossen Anstosses auf der einen Seite nach der entgegengesetzten Richtung hin zu weit aus, und so verfielen sie in das dem Deismus entgegengesetzte Extrem, in den Pantheismus. Auch ihre anderen Verdienste sollen nicht geschmälert werden, so Fichtes eindringlicher und unwiderleglicher Nachweis des inneren Widerspruchs alles Naturalismus und Materialismus, seine Erkenntnis des übersinnlichen Wesens des Geistes und sein Versuch, den deutschen Idealismus mit der Gedankenwelt Spinozas zu versöhnen, so Erigenas Fortbildung der griechischen Spekulation, da er den objektiven platonischen Idealismus subjektiv umprägend mit genialem Blicke in dem menschlichen Bewusstsein den Archimedespunkt der Philosophie suchte und somit sich schon auf den Punkt stellte, von dem die neuere Philosophie in Descartes ausgegangen ist, sodann sein kühner Versuch, das griechisch-philosophische Erbe mit der christlichen Lehre zu einer einheitlichen Weltanschauung zu verschmelzen, Wissen und Glauben mit einander zu versöhnen. Ist dieser Versuch ihm auch misslungen, es bleibt ihm der Ruhm, sich eine so hohe Aufgabe gestellt und an ihrer Lösung mit eindringendem Scharfsinn gearbeitet zu haben, der Schöpfer eines Systemes zu sein, welches die Ergebnisse der alten griechischen Spekulation in sich begreift und auch die fundamentale Bedeutung des Selbstbewusstseins, des Grundprinzips der neueren Philosophie, erkannt hat.

www.ingramcontent.com/pod-product-compliance
Lightning Source LLC
Chambersburg PA
CBHW020230090426
42735CB00010B/1636